Stefano Salvetti

Alfa Romeo Spezial

EINZELSTÜCKE | SONDERAUSFÜHRUNGEN | PROTOTYPEN

HEEL

IMPRESSUM

HEEL Verlag GmbH
Gut Pottscheidt
53639 Königswinter
Telefon 02223 9230-0
Telefax 02223 923013
info@heel-verlag.de
www.heel-verlag.de

Der Originaltitel „Curiosalfa“ ist 2010 erschienen bei:
Fucina SrL
Via Ennio 8
20137 Milano
Italien

Deutsche Übersetzung: Thomas Albrecht
Lektorat: Jost Neßhöver

Layout der Originalausgabe: Studio Cappellato e Laurent, Milano
Umsetzung der deutschen Ausgabe: HEEL Verlag GmbH, Axel Mertens
Umschlaggestaltung: Huwer-Design, Hürth

Fotos: Archiv Alfa Romeo, Alfa Blue Team, Domus, Farabola, Negri und Touring

Printed in Croatia

ISBN 978-3-95843-776-0

Inhalt

Ich möchte Marco Fazio (Alfa Romeo Automobilismo Storico, Centro Documentazione – Arese, Mailand) für die kostbare Zeit danken, die er mir gewidmet hat, ebenso Giovanni Bianchi Anderloni, Corrado Lopresto, Axel Marx, den „Mattisti" Enrico Checchinato und Franco Melotti, Emidio Mercati, Fabio Morlacchi, Mauro Negri, Marco Rigoni und Alfredo Zanellato Vignale. Ein besonderer Dank geht an Marco Sambataro, der sehr interessante Fahrzeuge für die Sammlung Alfa Blue Team zugänglich machte.

Anmerkung des Verlags: Einige wenige Abbildungen sind leider nicht mehr in der heutzutage gewohnten guten Qualität verfügbar. Der Autor hat aufgrund der Archivsituation zum Teil nur auf Scans von mittlerweile nicht mehr verfügbaren historischen Fotos zurückgreifen können, die zu einer Zeit gemacht wurden, als die Technik noch nicht auf dem hohen Niveau von heute war. Andere Bildvorlagen sind schlicht vom Alter gezeichnet. Die Bilder verdienen es ob ihrer Seltenheit dennoch, so gezeigt zu werden.

Vorwort

Was Sie hier in Händen halten, ist nicht ein weiteres der „üblichen" Bücher über die *Casa del Portello,* das Haus am Portello, wie Alfa Romeo in Italien gern genannt wird: Es ist ein nicht geringer Beitrag zum Verständnis des mitunter schwer zu ergründenden Werdegangs, zur Kultur und zur Geschichte von Alfa Romeo. Es ist ein unverzichtbares Buch in der Bibliothek jedes Alfista, und ein wertvolles Werkzeug, um die Geschichte von Alfa Romeo aus einem ganz ungewöhnlichen Blickwinkel kennenzulernen.

Während zahlreicher Besuche im Alfa-Romeo-Dokumentationszentrum hat Stefano Salvetti sich in die tiefsten Winkel unseres Archivs vorarbeiten können und ist dabei auf ganz neue Ansätze der Erforschung und Vertiefung der Alfa-Geschichte gekommen. Er hat Themen gründlich bearbeitet, die in den bisherigen Veröffentlichungen zumeist in Anhängen verschwanden. Das Ergebnis ist ein faszinierendes und unterhaltsames Buch, das vielleicht die Leser etwas verwirren kann, die der beruhigenden Vorstellung der „Großserie" anhängen. Dies hier ist eine fesselnde Reise zum prometheischen Geist der Schöpfer und Konstrukteure von Alfa Romeo.

Wer durch diese Seiten blättert, kann die Gegenwart dieses Geistes förmlich spüren, der die mehr als hundertjährige Legende von Alfa Romeo hervorgebracht hat: Von Vernunft und Technik geleitet, von Enthusiasmus und Leidenschaft getrieben und genährt von der Schar der Alfisti, die auf der Rennstrecke wie auf der Autobahn, gestern wie heute, eine Marke hochhalten, die zu den bekanntesten und meistgeliebten der Welt zählt.

Marco Fazio
Alfa Romeo Automobilismo Storico
Centro Documentazione

Einleitung

Über die schönsten Alfa Romeo aller Zeiten sind viele Bücher geschrieben worden. Die Tatsache, dass Alfa nicht wegen „der Geschichte und der Rennen“, sondern wegen „der Geschichte der Rennen“ berühmt ist, rechtfertigt aber nicht, dass viele der vielleicht weniger sportlichen und eleganten Alfas scheinbar dem Vergessen anheimgefallen sind.
Aus diesem Gedanken entstand dieses Buch über die „Ausnahmen von der Regel“, die wirklich speziellen Alfa: daher der Titel „Alfa Romeo Spezial“. Der italienische Begriff „fuoriserie“ für Spezialanfertigung schließt den Gedanken an die Serie mit ein: dort, wo es keine richtige Serie gibt, wo also alle Fahrzeuge Einzelstücke sind, wird auch der Begriff „Spezialanfertigung“ sinnlos.

Deshalb beginnt dieses Buch zeitlich mit dem Alfa 1900, dem ersten Modell, das wirklich für eine Fertigung in großer Stückzahl konzipiert war. Der zeitliche Bogen schließt sich mit der Übernahme von Alfa durch den Konzern Fiat-Auto, da anschließend nicht mehr im engen Sinn von reinen Alfa-Fahrzeugen gesprochen werden kann.

Im Mittelpunkt meiner Betrachtung stehen im ersten Kapitel, das die Personenwagen behandelt, die Einzelstücke und die von Karosseriebauern angebotenen Kleinserien, die nicht in der offiziellen Preisliste von Alfa Romeo auftauchten. Bewusst habe ich jene Fahrzeuge ausgeschlossen, die als Prototypen (und verschiedene Entwicklungsstadien) späterer Serienmodelle vom Stammhaus selbst gebaut wurden, sowie die Designstudien und die unterschiedlichen reinen Rennsportfahrzeuge.

Die Unterscheidung von „Prototyp“ und „Designstudie“ ist eindeutig: Der erste ist ein Erprobungsstadium eines möglichen Serienfahrzeugs, das aber vielleicht nicht umgesetzt wurde, „Designstudien“ sind oft sehr futuristisch gestaltet und zur Ausstellung auf internationalen Automessen bestimmt, ohne dass eine Serienfertigung überhaupt beabsichtigt ist.

Das zweite Kapitel behandelt die leichten Nutzfahrzeuge (die im Gegensatz zu den schweren einen Bezug zu den Alfa-Personenwagen haben, da sie auch Motoren aus Giulietta und Giulia verwendeten), von denen zahlreiche interessante Varianten gebaut wurden, die oft kurios und sehr wenig bekannt sind. Im ersten Kapitel sind die Fahrzeuge nach Basismodellen und Karosseriebauern geordnet, im zweiten nach der Art des Aufbaus.

In diesem Buch sind einige Details hinter der Szene beleuchtet, und so habe ich das dritte Kapitel der Geschichte einiger weniger bekannter Karosseriebaufirmen gewidmet, die viele der hier vorgestellten außergewöhnlichen Autos verwirklichten. Die Gesamtheit aller „Spezial-Alfas" ist so groß, dass es unmöglich ist, sie in einem einzigen Buch unterzubringen. Ich hoffe aber, dass es mir gelungen ist, im Rahmen meiner selbstgesteckten Grenzen ein interessantes Panorama vorzustellen.

Der Autor

Kapitel 1 – Personenwagen

Alfa Romeo 1900L, Carrozzeria Bertone, 1953

Dieses Auto wurde auf einem Fahrgestell des Typs 1900L aufgebaut, es ist eine von Scaglione entworfene zweitürige Limousine mit vier bis fünf Sitzplätzen. Das Design ist sachlich, aber zugleich sehr elegant mit dem mit leichter Hand eingesetzten Scudetto. 1900L, also „Lungo" bedeutet kein extralanges Fahrgestell. Aber es ist das der Serienlimousine mit 2630 Millimetern Radstand und damit länger als die Fahrgestelle Typ „C" (Radstand 2500 mm), die normalerweise an externe Karosseriebauer gingen. Tatsächlich gibt es Leute, die das „C" als Abkürzung für „Carrozzieri" und nicht als „Corto" deuten. Die einzigen 1900 mit wirklich verlängertem Radstand waren Repräsentationsfahrzeuge, für die beide Radstandsausführungen als Grundlage dienten. Für dieses Fahrzeug wurde zugunsten eines größeren Innenraums eben nicht das 1900-C-Fahrgestell des Sprint verwendet.

Alfa Romeo 2000 „Sportiva“, Carrozzeria Bertone, 1954

Dies ist eine der schönsten Aufbauten auf Alfa-1900-Technik, und es ist nicht zufällig ein Entwurf von der Hand Scagliones. Am Heck sieht man den stilistischen Einfluss der Giulietta Sprint, die ebenfalls zu einem guten Teil von Scaglione stammt, besonders Heckscheibe, Kofferraumdeckel und die Flossen. Auch die Technik ist mit einem Gitterrohrrahmen mit nur 2200 mm Radstand und dem leicht hubraumgesteigerten Motor des 1900 Super Sprint besonders raffiniert.

Eine De-Dion-Hinterachse mit innenliegenden Bremsen wie später bei der Alfetta kam noch hinzu, am Vorderwagen fällt ein Lufteinlass mit beweglichem Leitblech auf. Er nimmt die ersten Spoiler vorweg, wie Alfa sie sehr viel später einsetzen sollte, am ähnlichsten beim Alfa 90. Der kurze Radstand und die langgezogenen Linien sorgen für eine perfekte Sportcoupé-Silhouette.

Es gab Spider- und Coupéausführungen für die sportlich orientierte Kundschaft. Zwei Spider wurden ganz gezielt für den Rennsport aufgebaut. Zur Serienfertigung kam es nicht, vielleicht weil Alfa erst kurz zuvor den Großserienbau eingeführt hatte und kein gesteigertes Interesse mehr an Kleinserien hatte. Zwei Coupés entstanden, eins steht im Museo Storico Alfa Romeo, das andere in einer bedeutenden Schweizer Privatsammlung.

Alfa Romeo 1900C Sprint „Perla“, Carrozzeria Bertone, 1955

Dieser staunenswerte zweisitzige Spider wurde von Bertone nach einem Entwurf von Scaglione gebaut und auf dem Turiner Salon 1955 gezeigt. Wegen seiner extrem schnittigen und sauberen, zugleich sehr raffinierten Linienführung erhielt er den Namen „Perla“. Interessant sind der auffällige Ausschnitt des vorderen Kotflügels und die sehr weit herumgebogene Windschutzscheibe der ersten Version (auf den ersten beiden Fotos). Beides wurde in der zweiten Ausführung geändert.
Die Stoßstangen sind weit herumgezogen und flankieren als Schmuckelement das Scudetto. Wenige Monate nach dem Salon erhielt der Wagen seitliche, an den Seitenblinkern und am Heck raffiniert gestufte Zierleisten, eine massiv gerahmte flache Windschutzscheibe, Speichenräder und zierlich versenkte Rücklichter. Der „Perla“-Schriftzug und das kleine Bertone-Emblem entfielen.

Alfa Romeo 1900C Super Sprint, Carrozzeria Boano, 1955

Dieser 1955 auf dem Turiner Salon ausgestellte Wagen ist wahrscheinlich ein Einzelstück und heute noch in Italien erhalten. Von sehr sauberer und gestreckter Linienführung, ist der Entwurf durch den Mittelsteg der sehr originellen Heckscheibe gekennzeichnet. Ein ähnlicher Wagen mit einem 6C-3000-Motor wurde für den damaligen argentinischen Präsidenten Perón gebaut.

Alfa Romeo 1900C Super Sprint, Carrozzeria Boano, 1956

Im Jahr darauf wurde auf dem Turiner Salon eine weitere Version gezeigt, die besonders vorne und seitlich die Grundform des 55er Entwurfs übernahm. Die Zweifarblackierung war eigenwillig: Auf dem schwarzen Wagenkörper saß ein Dach mit einer altrosafarbenen Kunststoffschale. Die auffälligsten Unterschiede in der Linienführung sind die vordere Stoßstange, die das Scudetto buchstäblich durchschneidet, die konventionellere Heckscheibe und die plump betonten Heckflossen. Auch bei diesem Exemplar ist das Alfa-Romeo-Emblem vom Scudetto auf die Haube gewandert, wo es Ausgangspunkt zweier Zierleisten ist.

Alfa Romeo 1900C Super Sprint, Carrozzeria Boano, 1955

Von diesem Entwurf, der in sehr kleiner Zahl gebaut wurde, gab es zwei Versionen. Die erste von 1955 hatte die geteilte Heckscheibe.

Alfa Romeo 1900C Super Sprint, Carrozzeria Boano, 1956

Die zweite Version (Foto oben) kehrt zu klassischeren Formen zurück, die weniger kompliziert sind: ungeteilte Heckscheibe, nicht versenktes Scudetto, keine Hutze auf der Motorhaube und keine Stoßstangenhörner, dazu geänderte seitliche Zierleisten.

Alfa Romeo 1900C Super Sprint, Carrozzeria Boano, 1955

Im Gegensatz zu früheren Boano-Modellen, die schnittige und aggressive Linien hatten, wirkt dieses Cabriolet (unten) recht schwerfällig. Der Stil erinnert im Grunde an das oben vorgestellte Coupé, aber der exzessiv verchromte Kühlergrill, die Hutze auf der Motorhaube und der Wegfall der Panorama-Heckscheibe beeinträchtigten die Wirkung stark.

Alfa Romeo 1900L „Gazzella“, Carrozzeria Boneschi, 1952

Diese zweifarbig lackierte zweitürige Limousine mit Panorama-Heckscheibe, die 1953 auf dem Turiner Salon zu sehen war, wurde bekannt unter dem Namen „Gazzella“ – wohl wegen des Tiers auf dem Wappen der Carrozzeria. Einige Fotos zeigen ein Auto mit Speichenrädern, anderem Farbschema, anders platziertem Logo und mutmaßlich anderer Innenausstattung. Diese Unterschiede sind klein und nicht strukturell, es könnte sich gar ums selbe Auto handeln. Es tauchte als Begleitfahrzeug bei einigen Radrennen wie dem Giro d’Italia 1953 auf, wo es von einem Team der *Gazzetta dello Sport* benutzt wurde. Schiebedächer waren damals in Italien keineswegs üblich, und das offene Dach gab den Reportern beste Sicht aufs Geschehen.

Alfa Romeo 1900C Sprint „Astral", Carrozzeria Boneschi, 1953

Auf dem Turiner Salon 1953 erregten die amerikanisch anmutenden Linien dieses Wagens Aufsehen: eine schwerbeladene Front mit Scheinwerfern, die in dicke Kotflügel mit Luftschlitzen eingelassen sind, und auffällige Heckflossen. Nur zwei Exemplare entstanden. Das zweite, das auf Bestellung des dominikanischen Diktators Trujillo gebaut wurde, unterschied sich durch das fehlende Alfa-Scudetto, den Schriftzug „Astral" mit einem stilisierten Stern neben dem Wappen auf dem Kotflügel und ein Stoffdach. Auch die Farbgebung, grün mit beigefarbenem Interieur, war anders als bei der ersten Version.

Alfa Romeo 1900 Super, Carrozzeria Boneschi, 1958

Dieses ungewöhnliche Auto ist der Umbau einer Limousine, der sich vor allem durch Weglassen auszeichnet – etwa der Fondtüren. Auch vom Dach ist nur eine Art Rahmen übriggeblieben. Das Unternehmen Ignis verkaufte Elektro-Haushaltsgeräte.

Alfa Romeo 1900C Sprint, Carrozzeria Castagna, 1953

Die Serienfront wurde nur im Detail geändert: das Scudetto steht etwas weiter vor, und die Scheinwerfer liegen ein wenig tiefer. Der hintere Kotflügel wird durch die Andeutung einer Flosse betont, die unter dem Dach beginnt und sanft im sehr langgezogenen Heck ausläuft. Wegen der starken Krümmung des Glases ist die Heckscheibe dreigeteilt. Die Karosserie war ganz aus Aluminium, und man nimmt an, dass sieben Exemplare gebaut wurden.

Alfa Romeo 1900, Carrozzeria Castagna, 1954

Die zweitürige Limousine ähnelt dem Coupé. Sie trägt allerdings eine Schmuck-Hutze auf der Motorhaube, eine Sicke auf dem vorderen Kotflügel und eine nur schwach gewölbte Heckscheibe.

Alfa Romeo 1900, Carrozzeria Colli, 1952

Der verlängerte 1900 „allungata" ist in jeder Hinsicht ein echter Alfa Romeo, dessen Montage nur wegen der sehr geringen Stückzahl an die nahegelegene Carrozzeria Colli delegiert worden war, während die Untersuchungen zur Versteifung der Karosserie mit Verstärkungsblechen und zur Entwicklung der verlängerten Kardanwelle im Werk am Portello selbst durchgeführt wurden. Der mit zusätzlichen Klappsitzen ausgestatte Wagen nahm bequem bis zu sieben Personen auf und war als Limousine für Staats- und Repräsentationszwecke vorgesehen. Die nur wenig von der Serienlimousine abweichende Form bewahrte beinahe vollkommen die Schönheit des 1900. Während der Serienwagen 2.295.000 Lire kostete, waren für die Colli-Limousine 2.965.000 Lire zu entrichten. Es gab sie auch in der Version Super.

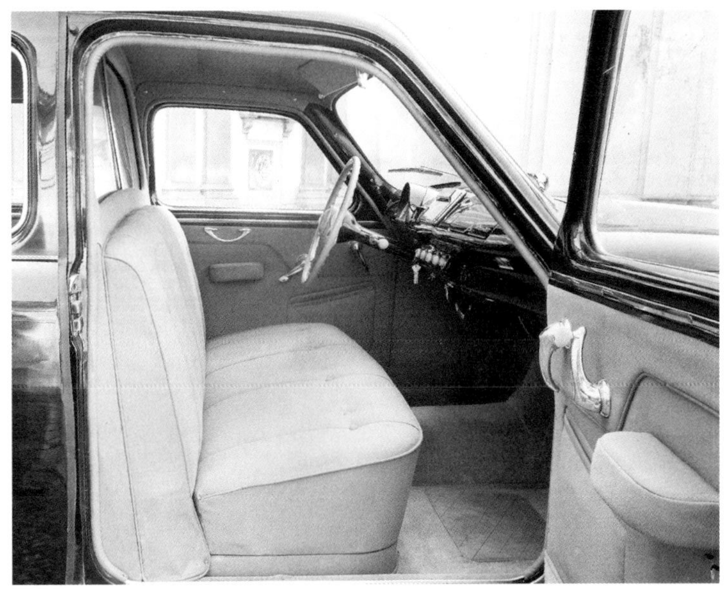

Alfa Romeo 1900 T.I., Carrozzeria Colli, 1953

Mit dem 1900 begann die enge Zusammenarbeit Alfas mit der italienischen Polizei. Etwa 400 Exemplare 1900 T.I. und T.I. Super wurden ab 1953 an den Fuhrpark der Polizei abgegeben und überwiegend den mobilen Einsatzkommandos der wichtigsten italienischen Polizeizentralen zugeteilt. Die polizeispezifische Ausrüstung umfasste eine schusssichere Windschutzscheibe aus zwei flachen, miteinander verklebten Panzerglasscheiben mit schmalem Mittelpfosten, ein Faltverdeck auf Höhe der Rücksitze, aus dem die Beamten sich herauslehnen konnten, kleine Schutzvorhänge aus Kettengewebe vor den Vorderrädern, größere Stoßstangenhörner, eine im Motorraum montierte Sirene, einen von innen beweglichen Suchscheinwerfer vor der Windschutzscheibe, ein Funktelefon, dessen typische Antenne auf dem linken Vorderkotflügel aufragte, und zwei Maschinenpistolen-Halterungen hinter der Vordersitzrückenlehne.

Alfa Romeo 1900C Sprint „Gran Luce Primavera“, Carrozzeria Colli, 1953

Dieses vier- bis fünfsitzige Coupé war von eher stämmiger Form. Auffallend sind die sehr schräg angeordneten „Baffi“ links und rechts des Scudetto und die sehr voluminöse Heckpartie.

Alfa Romeo 1900, Carrozzeria Colli, 1954

Unter Mitwirkung von Alfa Romeo entstand dieses mutmaßliche Einzelstück eines Krankenwagens. Außer der Erhöhung des Daches ist auch die Verlängerung des Hecks gut zu sehen, mit der der Innenraum vergrößert wurde.

Alfa Romeo 1900, Carrozzeria Francis Lombardi, 1953

Diese zweitürige Berlina nahm um zwei Jahre den späteren 1900 „Primavera“ vorweg, der offiziell auf der Alfa Romeo-Preisliste erscheinen sollte.

Alfa Romeo 1900L Super, Carrozzeria Francis Lombardi, 1957

Diese besondere Ausführung als Staatslimousine mit verlängertem Radstand trägt Züge des 2000 Berlina. Das Scudetto ist leicht versenkt, die vorderen Scheinwerfer tragen „Augenbrauen“, und die Rücklichter verlängern die Linie der Stoßstangenhörner zu prominent hervortretenden Heckflossen. Wahrscheinlich entstanden vier Exemplare dieses Wagens, von denen drei überlebt haben; Türen und Hauben waren aus Aluminium.

Einer dieser Wagen wurde im Juni 1959 von Staatspräsident Giovanni Gronchi und seinem Gast Charles De Gaulle (im Wageninneren an der hohen Statur und dem weißen Hemd zu erkennen) bei einer Zeremonie anlässlich des hundertsten Jahrestages der Schlacht von Solferino benutzt.

Alfa Romeo 1900 Super, Carrozzeria Ghia

Ein von Frua entworfener „Giardinetta“ (Kombi). Viele Details an diesem Wagen sind leicht verändert, etwa das Scudetto. Die seitlichen Fenster sind konsequent der neuen Dachlinie angepasst und Leisten zieren vordere und hintere Kotflügel. Sehr praktisch ist die horizontal geteilte Heckklappe mit sehr niedriger Ladekante.

Alfa Romeo 1900C Sprint „Gioiello“, Carrozzeria Ghia, 1953

Dieses Coupé zeigt deutliche Einflüsse der Zusammenarbeit von Ghia mit den Designern von Chrysler zu jener Zeit. Der Entwurf stammt nicht aus einer einzigen Hand: Man erkennt die Routine von Mario Boano, die Handschrift seines Sohnes Gian Paolo und einige Stilelemente des Direktors des Advanced Design Centers von Chrysler, Virgil Exner. Von diesem stammt mit Sicherheit der Kühlergrill mit den Aussparungen, in denen die Scheinwerfer liegen, so dass ein ganz besonderes Gesicht entsteht, dessen Elemente von der Kühlermaske bis zu den Scheinwerfern allesamt in der Außenkontur versenkt sind.
Charakteristisch ist die leicht flossenartige Betonung der Oberkanten der Kotflügel, die sich vom Bug bis zum Heck erstreckt. Der Entwurf wurde beim Concorso d'Eleganza 1954 in Campione d'Italia preisgekrönt. Es ist unklar, ob nur der 1953 in Turin ausgestellte Prototyp das Alfa-Zeichen außerhalb des Scudetto auf der Karosserie trug.

PROVA
TO 95

PROVA
TO 95
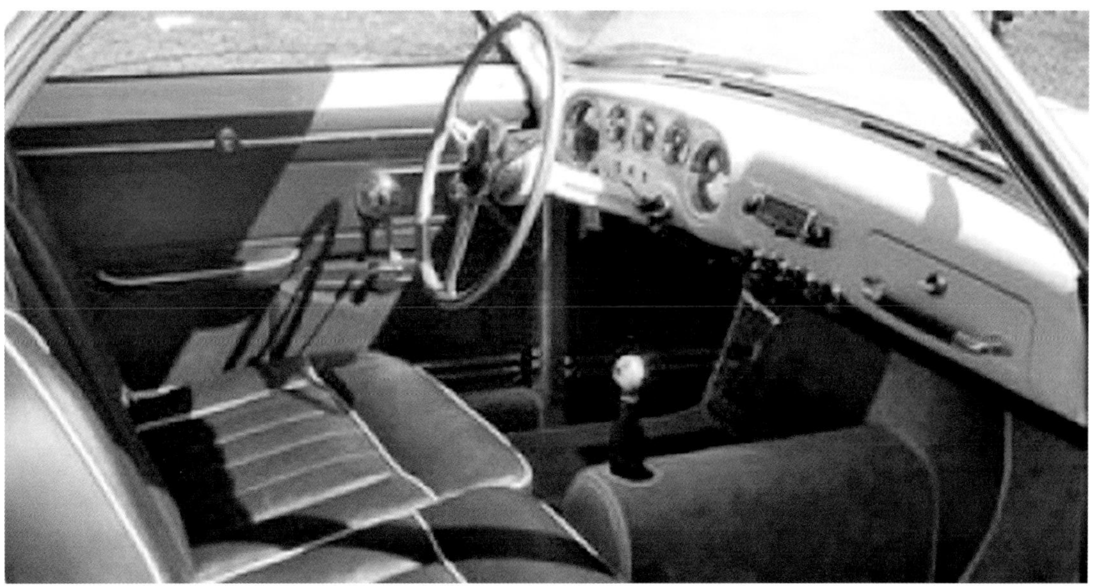

Alfa Romeo 1900L Super „Supergioiello“, Carrozzeria Ghia, 1955

Diese viersitzige Version des zuvor gezeigten Coupés unterscheidet sich durch die zweite Seitenscheibe und die Panorama-Heckscheibe, Stoßstangenhörner, Doppelscheinwerfer und die Verwendung der Serien-Heckleuchten des 1900 Super.

Alfa Romeo 1900C Sprint, Carrozzeria Ghia, 1953

Ein schweizerischer Kunde Ghias beauftragte Conrero mit dem Bau eines Fahrzeugs für die Mille Miglia 1953. Savonuzzi entwarf die Karosserie, aus der der Prototyp für die „Supersonic"-Modelle wurde, die Ghia anschließend baute. So entstand ein sehr originelles Fahrzeug mit amerikanischen Stilelementen aus der Zusammenarbeit mit Chrysler, etwa dem fast ganz verglasten Dach und den ausgeprägten horizontalen und vertikalen Kielen. Den Motor tunte Abarth, und Conrero kümmerte sich um die Feinabstimmung. Der Wagen nahm an dem bedeutenden Rennen teil, verunfallte aber und wurde danach zu einer offenen Barchetta umgebaut. In dieser Form existiert er noch heute.

Alfa Romeo 1900C Super Sprint, Carrozzeria Ghia, 1954

Der Entwurf von Gian Paolo Boano, Marios Sohn, wurde von Savonuzzi überarbeitet. Es ist überhaupt auffällig, dass Mario Boano darauf bestand, Entwürfe seines Sohnes zur Unterscheidung von seinen eigenen mit dem Zeichen „B. junior" zu kennzeichnen. Die Aluminiumkarosserie ruht auf einem Rahmen aus Stahlprofilen mit 2480 mm Radstand. Der von Conrero mit Ansaug- und Auspuffkrümmern von Abarth getunte Motor leistete 135 PS, und der nur 890 kg leichte Wagen erreichte mehr als 200 km/h. Die verblüffende Zweifarblackierung hat einen weißen Mittelstreifen auf blauem Grund, der vom Scudetto aus zur Windschutzscheibe läuft, von der aus sich das Farbschema auf dem Dach umkehrt.

Der nach hinten versetzte Front-Mittelmotor und der nach vorn gelegte Tank bewirkten optimale Gewichtsverteilung. Weitere besondere Merkmale sind die Reserveradwanne und, dass beide Markenzeichen auftau-

chen: Abarth auf der Karosserie und Alfa auf dem Scudetto, das so weit eingelassen ist, dass man meint, die klassische Alfa-Maske sei nur in stilisierter Form vorhanden. Sehr schön sind die großen Lufteinlässe, die den leistungsgesteigerten Motor kühlen helfen, die Finnen auf den hinteren Kotflügeln, die Heckklappe und die versenkt montierten Heckleuchten. Der Wagen wurde von einem französischen Industriellen gekauft und blieb wahrscheinlich ein Einzelstück.

Alfa Romeo 1900C Super Sprint, Carrozzeria Ghia, 1955

Etwa ein Dutzend Fahrzeuge nach diesem Entwurf von *ingegnere* Giovanni Savonuzzi entstanden, von denen die Hälfte noch existiert und die sich oft in kleinen Details unterschieden. Alle haben aber gemeinsame Merkmale wie das Fehlen des klassischen Alfa-Scudetto, dessen Form aber als Aussparung im Kühlergrill erkennbar ist, die Krümmungen der Stoßstangen, die Hörner andeuten, die Heckgestaltung mit betonten, sehr schräg auslaufenden horizontalen und vertikalen Flossen, den langgestreckten Kofferraum hinter dem nach vorn gerückten Glashaus, das vielleicht deshalb in der Seitenansicht nicht sehr anmutig wirkt

Einige Exemplare haben weicher gerundete vordere Kotflügel und rund-

liche Rücklichter. Andere haben versenkt eingebaute Scheinwerfer, die in ihren Höhlungen zu schweben scheinen. Manche haben teilweise rechteckige Heckleuchten, konventionelle Frontscheinwerfer mit kleinerem Durchmesser, eine auf der ganzen Länge mit einer starken Sicke betonte Karosserieflanke und Nebelscheinwerfer im Kühlergrill. Die Innenräume aller Fahrzeuge sind sehr ähnlich und weisen in zwei Reihen angeordnete Rundinstrumente auf, die die Lenksäule gleichsam umrahmen.

Alfa Romeo 1900C Super Sprint, Carrozzeria Ghia Aigle, 1955

Der Entwurf lässt sich wahrscheinlich Michelotti zuschreiben. Im Jahr darauf entstand ein fast identisches Exemplar mit nicht versenktem Scudetto (Foto unten).

Alfa Romeo 1900C Super Sprint, Carrozzeria Ghia Aigle, 1955

Dasselbe Design wie das Coupé, lediglich die Blinker/Positionsleuchten sind rund statt rechteckig, das Scudetto ist eingelassen und das Gehäuse der Kennzeichenbeleuchtung ist der „aeroplanino" der Giulietta Sprint. Die Karosserie wurde für den Genfer Salon 1955 gebaut.

Alfa Romeo 1900C Super Sprint, Carrozzeria Ghia Aigle, 1956

Der Entwurf stammt von Michelotti oder vielleicht von Frua. Die Karosserie ist aus Aluminium.

Alfa Romeo 1900C Super Sprint, Carrozzeria Ghia Aigle, 1956

Das Cabriolet auf der Seite zuvor wurde auch als Coupéversion aufgebaut (erstes Bild). Eine ähnliche Karosserie entstand 1956 mit einer flachen Hutze auf der Haube und aufgesetzten statt eingelassenen Scheinwerfern.

Alfa Romeo 1900C Super Sprint, Carrozzeria Ghia Aigle, 1956

Einer von Michelottis weniger gelungenen Entwürfen. Auffällig sind der mächtige Kühlergrill ohne Alfa-Scudetto und das eingelassene Feld für das hintere Kennzeichen, über das mittlerweile ein anderes montiert wurde, da der Wagen immer noch existiert.

Alfa Romeo 1900C Super Sprint, Carrozzeria Ghia Aigle, 1958

Der Entwurf stammt von Frua. Es gab auch ein Coupé, dieser immer noch existierende Spider entstand vielleicht daraus. Das Coupé unterschied sich in Details wie dem Kühlergesicht mit zwei Baffi und dem fehlenden Chromschmuck auf der Haube.

Alfa Romeo 1900L, Carrozzeria Pininfarina, 1952

Diese viersitzige zweitürige Berlina zeichnet sich durch sehr elegante Linienführung aus, die typisch für Pininfarina ist und durch Details wie die fehlende B-Säule noch betont wird. Interessant ist auch die Hervorhebung des hinteren Kotflügels.

Alfa Romeo 1900C Sprint, Carrozzeria Pininfarina, 1953

Für den Pariser Salon 1953 entwarf Pininfarina ein sehr elegantes Coupé mit Stufenheck, das eine Alternative zum Touring-Coupé darstellte. Typische Details sind die vereinfachten Baffi ohne Grills und der Kofferraumgriff. Statt eines hinteren Seitenfensters hat der Wagen eine weit herumgezogene Heckscheibe, die die Seitenansicht trotz breiter Dachsäule auflockert. Die Ausführung ohne Ausstellfenster und Nebelscheinwerfer und mit großer Heckscheibe (im ersten Bild) wurde etwa 100 Mal gebaut, die Ausführung mit kleiner Heckscheibe blieb ein Einzelstück. Nur einige Vorserienexemplare hatten kleine Dreiecksfenster in den Türen.

Alfa Romeo 1900L T.I., Carrozzeria Pininfarina, 1954

Ein ausgefallener Entwurf von Pininfarina mit aggressiver Linienführung: Das Fehlen des typischen Alfa-Scudetto ist sehr ungewöhnlich für eine Spezialkarosserie auf 1900-Basis, denn zu dieser Zeit und für diesen Typ bestand Alfa aus Gründen des Markenimage zumeist darauf, dass die Fahrzeuge den dreiteiligen Kühlergrill oder zumindest das Scudetto haben sollten. Charakteristisch sind die auf große Hörner reduzierten Stoßstangen.

Nur acht Exemplare wurden gebaut, die sich nur durch die Kühlergrills unterschieden, die eine, zwei oder gar keine Zierleisten trugen. Das Exemplar mit einzelner Zierleiste wies auch ungewöhnliche flache Radkappen auf. Mindestens zwei der Wagen hatten den T.I.-Super-Motor.

Alfa Romeo 1900, Carrozzeria Riva

Den Wagen ließ der Fahrradhersteller Bianchi zur Begleitung von Radrennen bauen. Die beiden Haltebügel, einer in der Mitte und einer entlang der seltsam hochgezogenen Windschutzscheibe, dienten dazu, dass die Passagiere sich während der Fahrt aufrecht in den Wagen stellen konnten, um bestmögliche Sicht auf das Geschehen zu haben.

Alfa Romeo 1900L, Carrozzeria Stabilimenti Farina, 1951

Von diesem Cabriolet entstanden nur wenige Exemplare, keine dreißig Stück. Gegenüber dem Pininfarina-Cabriolet (erstes Foto) erkennt man eine glattflächige Fahrzeugseite ohne die Ausformung des hinteren Kotflügels. Die Preise der Cabrios lagen eng beieinander: 3.235.000 Lire für Farina und 3.250.000 für Pininfarina; das von Touring kostete 3.210.000. Das erste Pininfarina-Cabriolet entstand auf einem Fahrgestell, das eigentlich für Touring bestimmt war, ein Hinweis darauf, das Alfa von Anfang an dem Coupé ein Cabriolet zur Seite stellen wollte. Es entstanden schließlich nur 88 Pininfarina-Cabrios in zwei Varianten.

Alfa Romeo 1900C Sprint Speciale „Corto Gara“, Carrozzeria Touring, 1953

Trotz des Namens („gara“ bedeutet „Wettkampf“) war diese Ausführung nicht ausschließlich für den Rennsport bestimmt: Von den sieben oder acht gebauten Exemplaren waren vier oder fünf Leichtbauexemplare und drei voll straßentauglich, darunter das abgebildete. Auf den ersten Blick dem Seriencoupé sehr ähnlich, war es doch ein ganz anderes Auto: Die Karosserie ist niedriger, so dass der Motor höher darin sitzt, die Heckpartie ist geändert. Die Stoßstangen sind Rohre, deren unteres Paar am Heck wie zusätzliche Auspuffrohre anmutet. Die Seitenfenster haben Schiebeelemente aus Plexiglas. Der Innenraum des Wagens ist im Vergleich zu dem Rennexemplar, mit dem Sanesi an der Mille Miglia teilnahm, kompletter ausgestattet.

CO·5
3349

CO·5
3349

Alfa Romeo 1900C Super Sprint „Tipo 55“, Carrozzeria Touring, 1955

1955 (auf das Jahr bezieht sich die Bezeichnung des Prototypen) waren vier Jahre seit dem ersten 1900 Coupé vergangen, und Touring wollte eine neue Version entwickeln. Sowohl ein Coupé als auch ein Spider waren vorgesehen. Die höheren Kosten, die einige aufwändigere Details verursachten, und das nicht wirklich überzeugende Styling verhinderten die Serienproduktion. So kam im nächsten Jahr jene Version zum Zuge, die Stilelemente der Giulietta Sprint trug. Bemerkenswert die tief eingelassenen Heckleuchten, die sehr unterschiedlich hoch angebrachten Stoßstangen vorn und hinten, und die auffällige Instrumentenanordnung im Armaturenbrett.

PRODE GENEROSO

Alfa Romeo 1900C Super Sprint, Carrozzeria Touring, 1955

An diesen Prototypen wurden oft unterschiedliche Detaillösungen ausprobiert. Der neben dem Coupé abgebildete Spider (vorige Seite) hat beispielsweise dieselben Felgen und Stoßstangen, auf den folgenden Fotos kann man andere erkennen. In der endgültigen Fassung hatte die offene Version nicht mehr die Speichenräder des Coupés, eine hellere Farbe, die zunächst ganz fehlenden seitlichen und nun tief eingelassenen Zusatzblinker, es gab zudem zusätzliche Dreiecksfenster und etwas aufwändigere Stoßstangen.

Alfa Romeo 1900C Super Sprint, Carrozzeria Touring, 1957

Nachdem die Vorschläge für den „Tipo 55" fallengelassen wurden und die Serienversion zum Ersatz des vorangegangenen Super Sprint fertig war, entschied Touring, ein aufgeschnittenes Coupé vorzustellen und schuf ein sehr schönes Cabriolet 2+2. Vielleicht wurde nur deshalb keine Serie daraus, weil der Vorschlag kam, als der 2000 Spider schon vor der Türe stand. Die Alfa-Romeo-Register verzeichnen zwei erhaltene Exemplare von höchstens drei gebauten.

Alfa Romeo 1900C Super Sprint, Carrozzeria Touring, 1959

1959 wurde ein Auto, vermutlich auf Basis eines Serienwagens und vielleicht handwerklich und nicht von Touring selbst, mit einem abnehmbaren Marelli-Hardtop ausgestattet.

Alfa Romeo 1900C Sprint, Carrozzeria Vignale, 1953

En viersitziges Coupé von Vignale nach einem Entwurf von Giovanni Michelotti. Die Tatsache, dass kurz darauf ein weitgehend identischer Lancia gezeigt wurde, erklärt den etwas anonymen Auftritt dieses Wagens ohne das Alfa-Scudetto. Das etwas barocke Design besonders des Vorderwagens dürfte der Grund sein, warum es bei einem Einzelstück blieb. Interessant sind der kleine Lufteinlass am hinteren Kotflügel und die tief eingelassenen Heckleuchten.

Alfa Romeo 1900C Sprint, Carrozzeria Vignale, 1953

Die schön gestreckte Seitenansicht kontrastiert mit der durch die tief eingelassenen Scheinwerfer und das Scudetto sowie durch die weit herumgezogenen und zweifach gekrümmten Stoßstangen überladen wirkenden Front.

Alfa Romeo 1900C Super Sprint, Carrozzeria Vignale, 1954.

Mit der sauber gestreckten Seitenlinie ähnelt es dem Pininfarina-Coupé, von dem es sich hauptsächlich durch das längere Heck unterscheidet. Auffällig ist das trotz der starken Krümmung aus einem einzigen Stück geformte Heckfenster.

Alfa Romeo 1900, Carrozzeria Vignale, 1954

Zweitürige Limousine, entworfen von Michelotti. Der kleine Kunstgriff der auf halber Länge gestuften Zierleiste belebt die ganze Fahrzeugflanke; interessant sind außerdem das versenkte Scudetto und die daneben angefügten Baffi, deren Unterkanten parallel zur Stoßstange verlaufen.

Alfa Romeo 1900C Super Sprint „la Flèche", Carrozzeria Vignale, 1955

Unverwechselbar trägt besonders die Frontansicht Michelottis Handschrift, der schon bei seinen Ghia Aigle ein breites Scudetto und seitliche Lufteinlässe mit darin eingelassener zweigeteilter Stoßstange verwendet hatte. Die Baffi sind besonders betont und bis in die Kotflügel gestreckt. Wie bei den von Savonuzzi gezeichneten Ghia taucht der Schriftzug „Super Sprint" am vorderen Kotflügel auf. Am besten gelungen ist die sauber und elegant gezeichnete Heckpartie mit den kleinen Leuchten, die ganz der Kontur des Blechs angepasst sind.

Roma 73
5533

**Alfa Romeo 1900C Super Sprint,
Carrozzeria Worblaufen, 1955**

In der schweizerischen Karosseriefirma Worblaufen entstanden mutmaßlich sechs dieser Super Sprint. Der zweite Entwurf ist näher am Serienmodell und hat einen voluminöseren Vorderwagen.

Alfa Romeo 1900C Super Sprint, Carrozzeria Zagato, 1954

Das niedrigere Gewicht der Alukarosserie, die kompakten Abmessungen und die Heck- und Seitenscheiben aus Plexiglas machen diesen Typ zur sportlichsten Version mit 1900-Technik (der Zagato wog gegenüber der schon leicht gebauten Touring-Ausführung rund 100 kg weniger). Um die Stirnfläche zu verringern, versuchte Zagato den Wagen möglichst niedrig zu halten, wobei die vom Motor vorgegebene Höhe im Weg war. So kam es zu der ausgeprägten Form der Motorhaube, die den Wagen schön aggressiv und strömungsgünstig zugleich macht.

Der Wagen nahm mit einer Zweifarblackierung am Concorso d'Eleganza von Campione d'Italia 1954 teil, wo er einen einzelnen Lufteinlass auf der Haube trug. Aus Schönheitsgründen hatten spätere Exemplare mitunter einen zweiten Lufteinlass, der nur Attrappe war: Bei einigen Exem-

plaren wurde er aber weggelassen, weil er die Sicht einschränkte.
Einige Autos trugen übrigens die Zagato-typischen „double bubbles“ auf dem Dach. Sie hatten einen Lüftungsschlitz am oberen Ende der Heckscheibe, der die Belüftung des Innenraums verbessern sollte. Allerdings traten bei heftigen Bremsmanövern die Auspuffgase durch diese Öffnungen in den Innenraum ein.

Auf Wunsch erhältlich waren die bogenförmigen Stoßstangen aus poliertem Aluminium. Nach den Alfa-Romeo-Registern entstanden 31 Exemplare, die sich in kleinen Details unterschieden: Einige hatten kleinere Scheinwerfer oder etwas anders geformte Flanken oder eine weniger hervortretende Schnauze mit tiefer liegendem und etwas eingezogenem Scudetto.

Alfa Romeo 1900C Super Sprint, Carrozzeria Zagato, 1956

Zwei Jahre nach den ersten Coupés entstand dieser Spider, der das Design der letzten SSZ aufgreift: er hat eine tiefere Schnauze, ein stärker geneigtes Scudetto, eine einzelne dynamische Hutze auf der Haube, größere Scheinwerfer, voluminösere hintere Kotflügel, zweigeteilte Stoßstangen und stärker akzentuierte Heckflossen.
Diese Version war mehr ein Luxusauto als Rennwagen, was auch die weniger aggressive Linienführung unterstreicht sowie das Vorhandensein von Stoßstangen und einer sorgfältiger angefertigten Innenausstattung mit Lederpolstern und -verkleidungen.
Ein erstes silbermetallicfarbenes Exemplar wurde auf dem Genfer Salon 1957 gezeigt. Ein Auto, vielleicht dasselbe Fahrzeug, wurde mit Zweifarblackierung und einer anderen Hutze auf der Motorhaube im folgenden Jahr von Gianni Zagato auf dem Concorso di Eleganza von Venedig vorgeführt.

Alfa Romeo 1900L, 1952

Dieses viertürige Cabriolet war als Stabswagen füs Militär gedacht. Da er kein Zeichen eines Karosseriebauers trägt, ist nicht klar, wer ihn baute; man könnte sogar annehmen, dass Alfa selbst das im Werk besorgte. Jedoch wurden auf solchen Behördenfahrzeugen oft keine Abzeichen der Carrozzieri angebracht – vergleiche die Polizeifahrzeuge auf 1900-Basis von Colli. Da der Wagen in den Archivaufzeichnungen als 1900L bezeichnet wird, wie dies für das Limousinenfahrgestell nur bei Fahrgestell-Lieferungen an Carrozzieri üblich war, ist es wahrscheinlicher, dass der Umbau außerhalb des Werks erfolgte.

Alfa Romeo 1900M, 1953

Da der Typ meistens an Militär- und Polizeikräfte ausgeliefert wurde, ist der Krankenwagen von Fissore auf Basis des „Matta“ eine Rarität. Er stand in Diensten des Krankenhauses Misericordia im toskanischen Prato und hatte neben dem raffinierten geschlossenen Aufbau noch einen Anhänger mit der kompletten Ausstattung für die Versorgung von Kranken und Verletzten an Orten, die nur mit einem Geländewagen zu erreichen waren.

Die Besonderheiten dieser Version sind der vergrößerte hintere Überhang, um ausreichend Platz für Liegendtransporte zu schaffen, und die Lichtanlage auf dem Dach, die typisch für die Krankenwagen jener Zeit war und „Polyphems Auge“ genannt wurde. Sie wurde mit der Einführung einer neuen Straßenverkehrsordnung 1959 geändert. In den 80er Jahren wurde die medizinische Ausrüstung an Bord modernisiert.

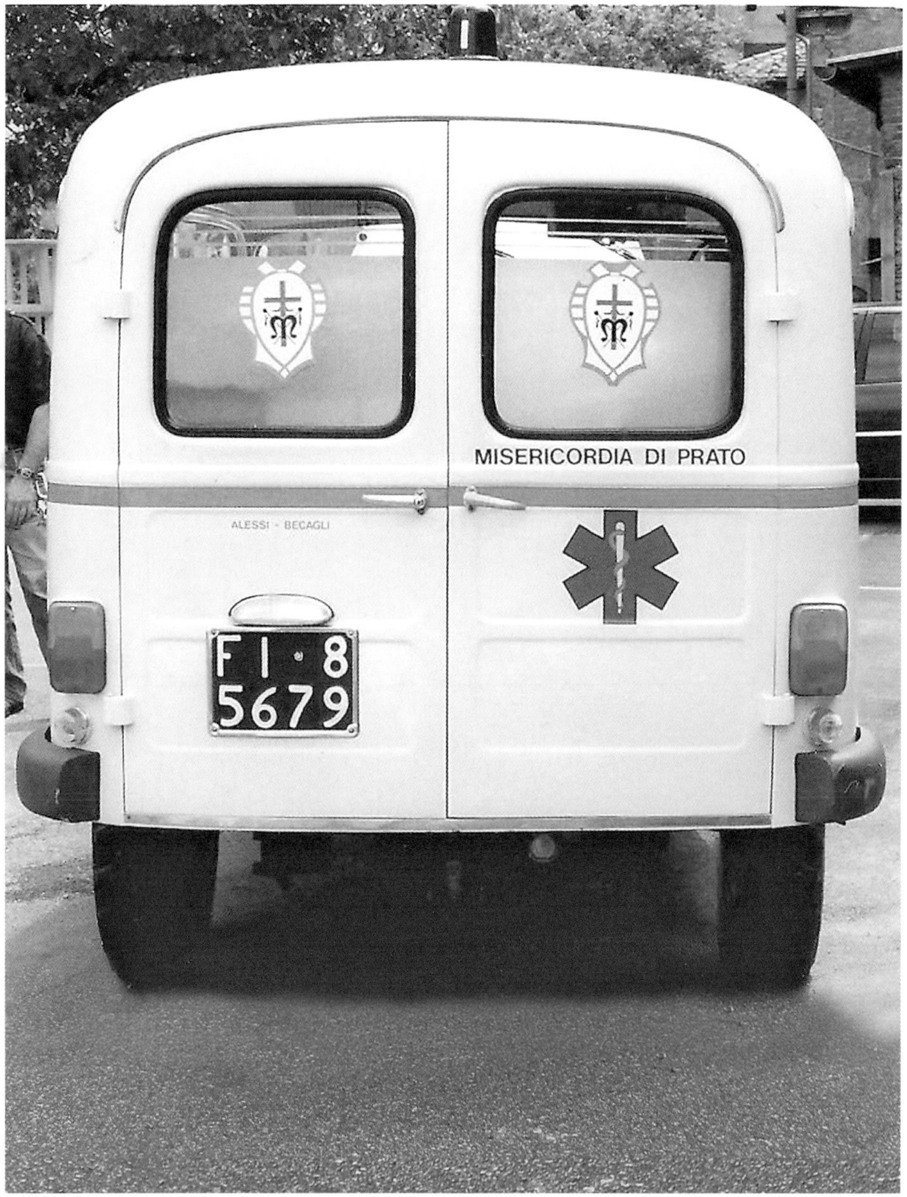
MISERICORDIA DI PRATO
ALESSI - BECAGLI
FI 8
5679

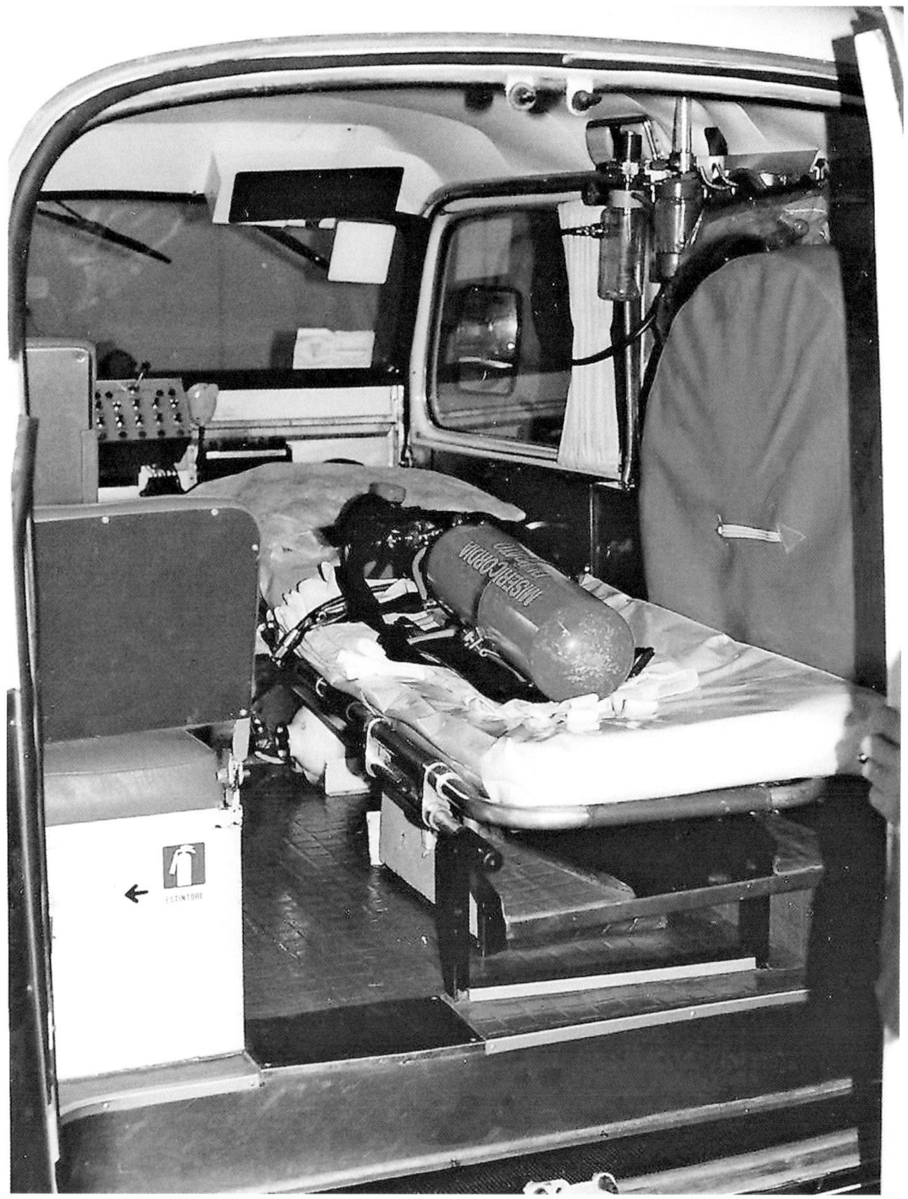

Alfa Romeo 1900M

Der „Matta“ wurde auch als Ganzmetall-Kombiwagen mit drei Türen vorgeschlagen. Für den Transport von bis zu sechs Personen durch unwegsames Gelände konzipiert, nahm dieses hauptsächlich zivil genutzte Fahrzeug die heutigen Geländewagen und SUV vorweg. Es kam aber nicht zu einer Serienfertigung. Dieses Exemplar wurde als Abschleppwagen und mobile Werkstatt in der Pannenhilfe von Alfa Romeo genutzt.

Alfa Romeo 1900M.

Dieses von der Firma A.I.P. in Mailand aufgebaute Fahrzeug wurde im Hinblick auf eine Ausschreibung der Feuerwehr realisiert, wie man an der typischen Feuerwehrsirene Typ „La Sonora“ auf dem linken Vorderkotflügel erkennen kann. Außer einer Hochdruckpumpe vom Typ „Nembo“, einem Tankanhänger und einer kompletten Brandbekämpfungsanlage waren im hinteren Teil des Wagens noch zwei Notsitze für Feuerwehrleute untergebracht.

Alfa Romeo 1900M

Auf diesen Wagen wurde auf Wunsch einer Fallschirmspringerschule des Militärs eine Windmaschine aufgebaut, um die Rekruten am Boden für den ersten Absprung zu trainieren. Die Änderungen betreffen hauptsächlich den hinteren Teil: Eine Partie des Fahrgestells wurde entfernt, um das Gebläse zu installieren, die Spur wurde verbreitert und die hintere Antriebsachse entfernt und durch eine schlichte Achsbrücke ersetzt.

Die Windmaschine wurde von der Zapfwelle über ein Zwischengetriebe von Alfa Romeo angetrieben. Zur Betätigung von Gas und Kupplung wurden Hebel auf dem vorderen Kotflügel angebracht, damit die Bedienung der fast zwei Meter großen Luftschraube des Gebläses von außerhalb des Fahrzeugs möglich war.

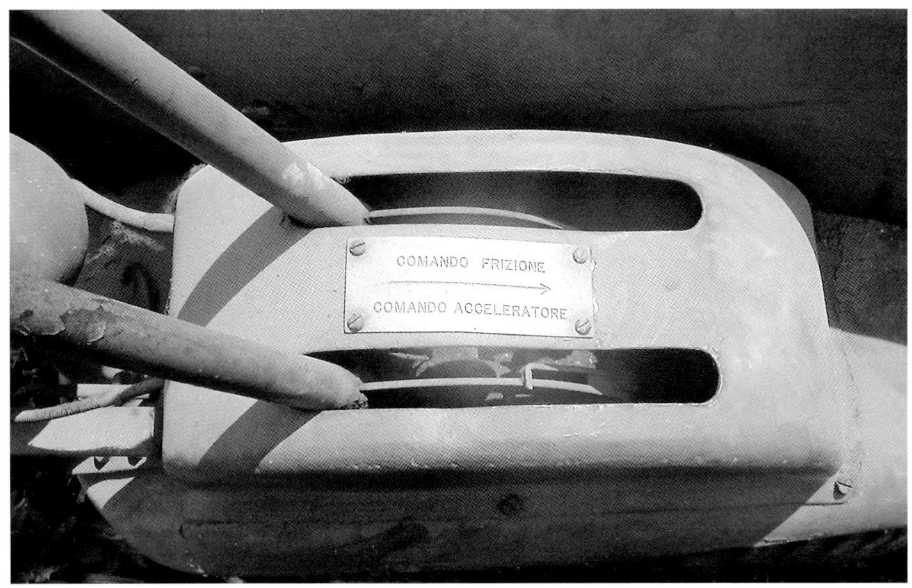

Alfa Romeo 1900M

Das erste Foto zeigt einen „Matta“ mit nachgerüsteten Raupenrädern. Die Vorderkotflügel wurden geändert, um den Lenkeinschlag zuzulassen, und auf den Verdeckstangen wurde ein Gepäckträger befestigt. Das Fahrzeug rechts oben diente zur Bewässerung und hatte einen großen Wassertank. Unten links ein Pritschenwagen, dessen Pritsche hydraulisch kippbar war, die Pumpe wurde von der Zapfwelle des Getriebes angetrieben. Rechts daneben ein Fahrzeug für Wüstenexpeditionen. Es ist von einem Trägergerüst nahezu eingehüllt: Der vordere Teil des Rahmens trägt Wasserkanister, über dem Dach ist Platz für Gepäck und hinten seitlich sind Gestelle für Benzinkanister vorgesehen.

Alfa Romeo 1900M

Hier eine Variante der Schneefräse. Auf der Ladefläche ist ein Stationärmotor „Alfa Romeo 2500 industriale“ mit dem Wasserkühler zu erkennen. Die robuste Antriebswelle der Schneefräse durchquert das Fahrerhaus auf Höhe des unteren Windschutzscheibenrahmens. Das Bild unten zeigt das Fahrzeug bei der Erprobung in Sestrière.

Alfa Romeo
1900 AR 52
PIRELLI
Alfa Romeo

Alfa Romeo 1900M

Dieser Wagen wurde mit einer Spiralegge zur Bodenbearbeitung ausgerüstet, der das Ersatzrad auf das Dach weichen musste. Auch ein Paar Scheinwerfer wurden auf dem Dach installiert.

Alfa Romeo Giulietta, Carrozzeria Alfa Romeo

Die Archivbilder des Centro Stile Alfa Romeo tragen die Bezeichnung „750 Allungata“ für diese Berlina der ersten Giulietta-Generation. Interessanterweise betrifft die Verlängerung hier nicht wie üblich einen vergrößerten Innenraum (Türen und Dach blieben wie die Front unverändert), sondern nur den Vorderwagen, so als hätte man an einen längeren Motorblock gedacht. Recht ausgefallen ist der Entwurf einer Zweifarbenlackierung samt Zierleisten- und Seitenleuchten-Arrangement.

Alfa Romeo Giulietta T.I., Carrozzeria Allemano, 1958

Die klassische Giulietta-Front wurde mit einem eckigeren Kühlergrill versehen, an dessen äußeren Enden größere Zusatzleuchten angebracht waren. Auch die Motorhaube ist behutsam geändert, eine leichte Wölbung betont das Scudetto, in dessen Rahmen das Markenzeichen ein Stück nach unten gerückt ist und nicht mehr oben herausragt. Am Heck erkennt man einen Ansatz von Heckflossen und die weit herumgezogene Stoßstange. Die Innenausstattung aus Stoff und Kunstleder war farblich auf die Lackierung abgestimmt. Als Lieferzeit waren 15 bis 30 Tage angegeben, der Preis betrug 1.600.000 Lire für die Normal- und 1.725.000 Lire für die T.I.-Ausführung, statt 1.375.000 für das Serien-Basismodell und 1.525.000 für die Serien-T.I. Dieses Bild zeigt vermutlich einen T.I., erkennbar an den schwarzen Logos auf den Radkappen.

Alfa Romeo Giulietta, Carrozzeria Bertone, 1957

Die vorderen Schweinwerfer der Limousine im ersten Bild sind von Brauen überragt, die die Kotflügel verlängern. Die seitlichen Kühllufteinlässe haben ein auffälliges Gitter. In die seitliche Chromleiste ist ein anderer als der beim Serienmodell verwendete Seitenblinker eingelassen.

Alfa Romeo Giulietta T.I., Carrozzeria Bertone, 1958

Ein Jahr später wurde eine weitere Variation vorgestellt, die dem gleichzeitig gebauten Alfa 2000 ähnelte. Die hinteren Kotflügel erhielten Flossenansätze, die Stoßstange zog sich um die Ecke herum. Die Tankklappe wanderte vom Heck auf die Seite des Kotflügels. Die Türen hatten kleine Ausstellfenster; im Innenraum wurden die Hutablage verbreitert und Sitze und Türverkleidung in Stoff und Kunstleder abgestimmt auf die Außenfarbe neu bezogen. Die Polsterung über dem Armaturenbrett erhielt einen blendfreien Bezug. Der Wagen wurde in Uni- und Zweifarblackierung in Pastell- und Metallicfarben angeboten. Die Preise (1.700.000 Lire für die Berlina, 1.850.000 Lire für die T.I.) lagen um einige hunderttausend Lire über dem der Serienversionen, die Lieferzeit wurde mit zehn bis 15 Tagen angegeben.

Alfa Romeo Giulietta, Carrozzeria Bertone, 1963

1963 wurde dieses Giulietta-Restyling vorgeschlagen: Gesicht und Heck wurden überarbeitet, die Fahrgastzelle blieb aber unverändert, um die Investitionen in teure Werkzeuge zu vermeiden. In der Front zeigt sich der Designeinfluss des 2000 Sprint: die Scheinwerfer, in diesem Fall rechteckige, sind wie beim größeren Modell in den Kühlergrill eingelassen.

Da das Serienmodell kaum zwei Jahre zuvor zur dritten und letzten Serie geändert worden war, blieb Bertones Vorschlag unberücksichtigt. Die Giulietta blieb bis 1964 unverändert im Angebot, und statt eines Restylings entschied man sich, mit einer 1300-Version der Giulia dieses Marktsegment abzudecken.

Alfa Romeo Giulietta Spider, Carrozzeria Bertone, 1955

Dieses Projekt geht auf den US-Importeur von Alfa Romeo, Max Hoffman, zurück, der einen kompakten zweisitzigen Roadster verlangte. Bertone und Pininfarina machten Vorschläge, Pininfarina erhielt den Zuschlag für den Bau des Spiders, der schnell zu einem der beliebtesten der Welt werden sollte. Bertones Entwurf, von Scaglione gezeichnet, war seiner Zeit zu weit voraus, und einige Details wie die Heckflossen waren in Großserie zu schwierig zu fertigen, so dass der Wagen ein Prototyp blieb. Auffällig sind die statt klassischer Fensterheber ganz abnehmbaren Seitenscheiben, die den Wagen in Verbindung mit der Stromlinienform zu einer veritablen „Barchetta" machen.
Bald darauf wurde ein zweites Exemplar vorgestellt, das einige im Hinblick auf die Herstellungskosten vereinfachte Partien aufweist: Das Heck

MI
425

war weniger aufwändig und ähnelte dem des Sprint, und die Front stach weniger heraus. Die erste Variante wurde von der Hoffman Motor Car Inc., New York, gekauft und die zweite, nachdem sie einige Zeit bei Alfa Romeo geblieben war, in Italien verkauft. Beide Wagen haben überlebt und sind heute in großen Privatsammlungen, der erste in der Schweiz und der zweite in Italien.

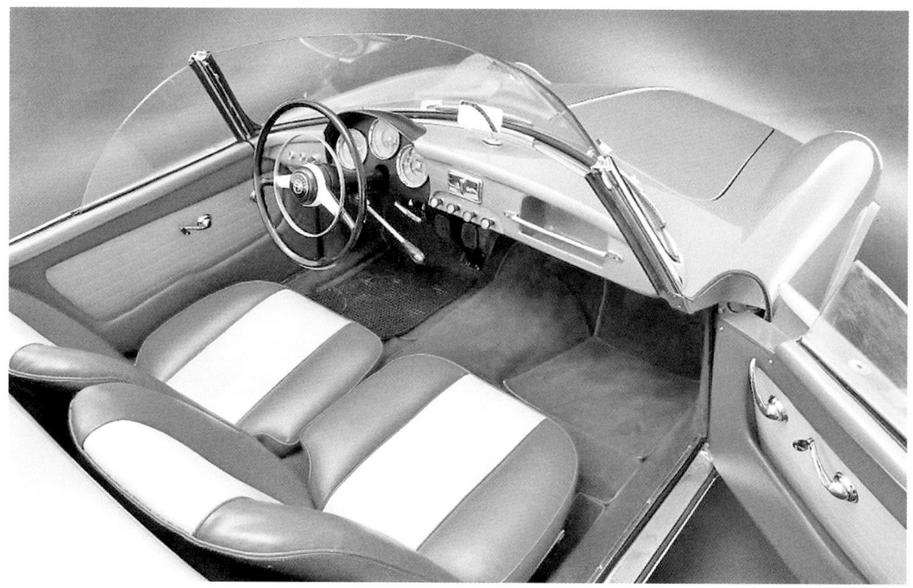

Alfa Romeo Giulietta Sprint, Carrozzeria Bertone, 1956

Auf dem Turiner Salon 1956 präsentierte Bertone den Prototypen eines 2+2-sitzigen Cabriolets, das offensichtlich vom Serien-Coupé abgeleitet war. Vom Design her war es ein Sprint, dem nur das Dach abgenommen und dessen Heck dann versäubert wurde. Das Fehlen des Daches veränderte die Proportionen so, dass die mit dem Coupé identische Wagenflanke nun plumper und gedrungener wirkte. Die speziellen Radkappen waren üppiger verziert als die des Sprint. Weil es dem jedoch zu ähnlich war und Bertones Fertigungskapazität mit dem Coupé voll ausgelastet war, blieb das Cabrio ein Einzelstück, das noch heute existiert.

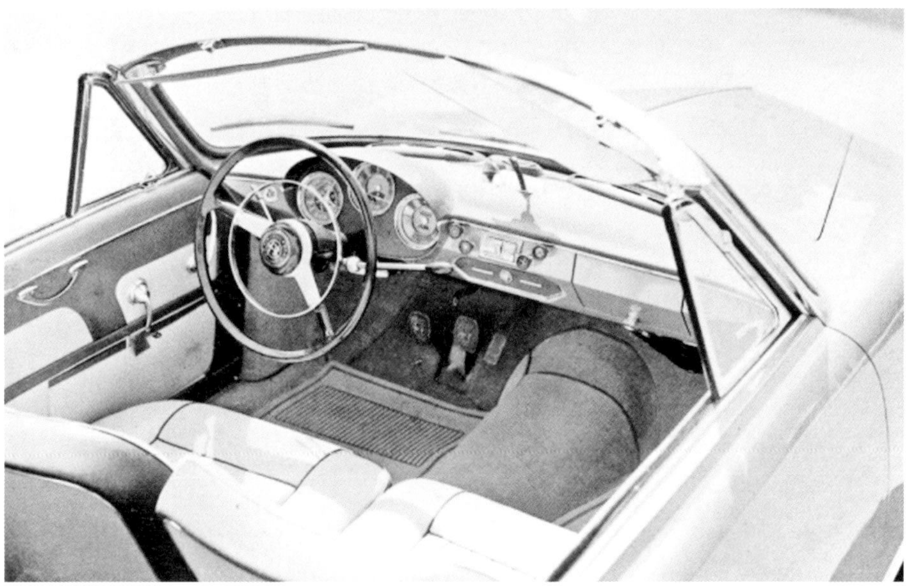

Alfa Romeo Giulietta Sprint, Carrozzeria Bertone

Nachdem der Sprint sich einige Jahre lang gut verkauft hatte, versuchte Bertone einen Nachfolger zu schaffen – möglichst ohne die Grundform besonders der Seite und des Heckfensters zu verändern. Die vergrößere und weiter gebogene Windschutzscheibe und ein Kühlergesicht mit Anklängen an den 2000 kennzeichnen die Front, deren Stoßstange an die Giulietta SS erinnert und die in der Mitte dem Scudetto Platz macht. Am Heck waren Flossen angedeutet, deren Linie die Leuchten verlängerten. Der Gesamteindruck vermittelte deutlich weniger von der harmonischen Ausgewogenheit des ursprünglichen Sprint, und das Projekt wurde verworfen. Stattdessen wurde die klassische Sprint-Karosserie noch ein paar Jahre mit Detailänderungen aktuell gehalten.

Alfa Romeo Giulietta „Weekendina", Carrozzeria Boneschi, 1957

Der Weekendina war als Alternative zum „Promiscua" von Colli gedacht, der sicherlich bekannter war, weil er von Alfa Romeo selbst offiziell vertrieben wurde. Beide Kombis taten sich allerdings schwer beim Publikum, das mit dieser Karosserieform noch allzusehr den Lieferwagen-Charakter verband.

Von der Weekendina entstanden praktisch in Handarbeit wenige Exemplare, maximal 20, gegenüber 92 Kombis von Colli (die wir nicht in diesem Buch behandeln, weil sie in der offiziellen Alfa-Preisliste standen), wobei unklar ist, ob die Zahl 92 auch von Boneschi gebaute Fahrzeuge enthält oder nicht.

Der Kombi von Boneschi hatte eine sehr schmale Heckklappe, die das Einladen von Gepäck erschwerte und der weitgehenden Verwendung von Teilen der Serienlimousine geschuldet war, um die Produktionskosten zu senken. Dafür war die seltsam zweigeteilte Verzierung der Fahrzeugflanke umso aufwändiger, verglichen mit den einfachen Lösungen anderer Carrozzieri, und auch das Dach war merkwürdigerweise zweifarbig lackiert. Die Ladekapazität wurde mit fünf Personen plus 100 kg Gepäck angegeben. Umklappbare Rücksitzlehne und das Reserverad unter der Ladefläche vergrößerten den Laderaum, und hinter den Rücksitzen waren zwei seitliche Ablagen vorgesehen.

Alfa Romeo Giulietta „Weekendina“, Carrozzeria Boneschi, 1959

Der zweite Kombi-Entwurf verzichtete auf das überladene seitliche Zierband zugunsten einer sachlicheren und eleganteren Zweifarblackierung. Die Heckklappe wurde vergrößert, um das Beladen bequemer zu machen, und die Felgen der Berlina gegen stärkere ausgetauscht. Das abgebildete Fahrzeug existiert noch heute.

Alfa Romeo Giulietta, Carrozzeria Cisitalia

Das auffällige Schema der Zweifarblackierung ist für die Wirkung der Seitenpartie essenziell. Es handelt sich nicht nur um einen farbigen Streifen, sondern um eine raffinierte Zweifarblackierung. Unterhalb der Gürttellinie läuft die Kontrastfarbe allerdings nach achtern hin wiederum in einem Zierstreifen aus.

Alfa Romeo Giulietta, Carrozzeria Colli

Colli baute einen einzigen Krankenwagen mit Giulietta-Technik, die für diesen Zweck wegen des hohen Kaufpreises einerseits und des bescheidenen Raumangebots andererseits sonst nie verwendet wurde. Die Karosserie blieb bis hinter die Fondtüren unverändert.

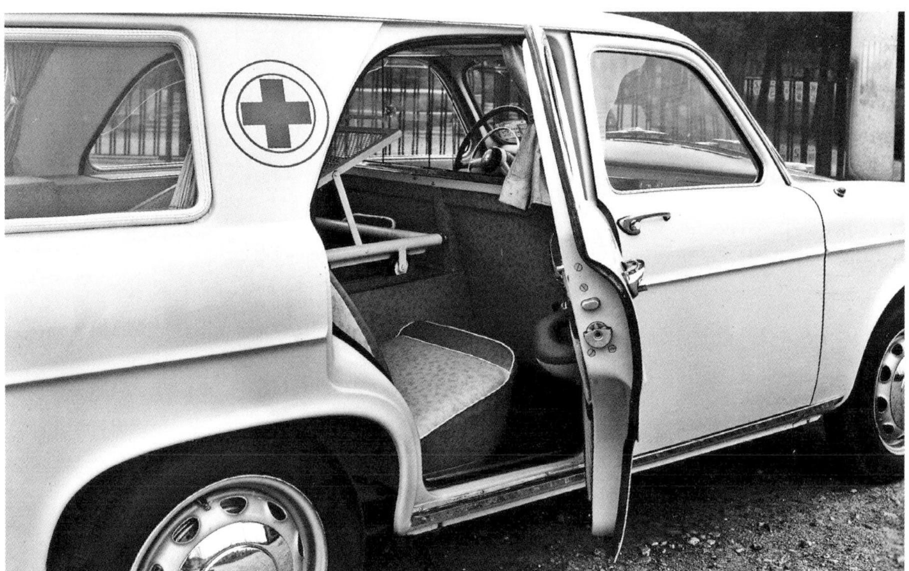

Von hinten ist gut zu erkennen, wie stark sich der Laderaum zum Heck hin verjüngte. So blieb der Innenraum über dem zusätzlichen Staufach im Wagenboden noch ärger beschränkt. Trage und zusätzlicher Sitz finden kaum Platz, und so blieb es sehr wahrscheinlich bei diesem Einzelstück.

Alfa Romeo Giulietta, Carrozzeria Colli, 1960

Nach den verlängerten 1900ern baute Colli auch von der Giulietta eine Ministerial-Limousine mit sechs Sitzplätzen. Die Zusammenarbeit zwischen Colli und Alfa war bei diesem Fahrzeug sogar noch enger, denn Alfa selbst entwickelte die Verstärkungen der Bodengruppe. Front und Heck blieben unverändert, an der Seite wurde die hintere Tür neu gezeichnet, die jetzt ganz rechteckig war, und verstärkte Felgen kamen zum Einsatz. Das Fahrzeug war für die Repräsentationsaufgaben von Ministerien und für Autovermietungen bestimmt und wurde in sehr kleiner Stückzahl gebaut.

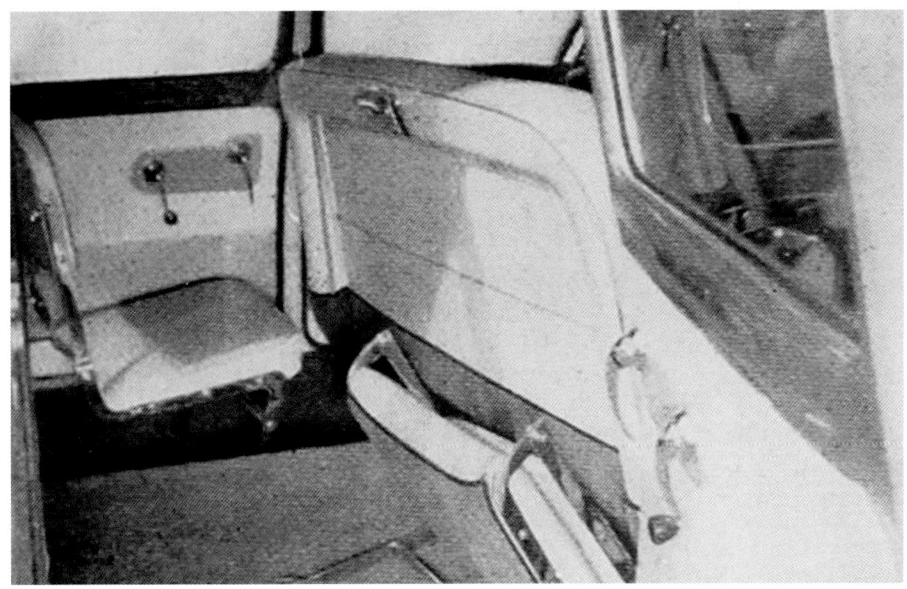

Alfa Romeo Giulietta, Carrozzeria Colli, 1960

Dieses Exemplar wurde wegen der Dachlinie, die vom Ford Anglia inspiriert war, schnell wieder vergessen. Als sechssitzige Limousine konzipiert, war es ansonsten dem vorhergehenden sehr ähnlich.

Alfa Romeo Giulietta, Carrozzeria Fissore, 1960

Über die Entstehung dieser Version ist fast nichts bekannt. Die gefällige Zweifarblackierung streckt die Seitenansicht. Derzeit ist die Existenz eines überlebenden Exemplars in Italien bekannt.

Alfa Romeo Giulietta, Carrozzeria Francis Lombardi, 1956

Der Wagen mit der keilförmigen Zweifarblackierung war vorn fast unverändert gegenüber der Serie, bis auf die Chromeinfassungen der Scheinwerfer und die Stoßstange, die ohne Hörner eine sauberere Linie zeigt. Die hintere Stoßstange hingegen ist um den Kotflügel herumgezogen und schließt in einem Stoßstangenhorn, das die ganze Kotflügelkontur besetzt, Rückleuchten vom Autobianchi Bianchina ein. Die Modifikationen führen zu einem originellen Ergebnis, aber das Heck wirkt etwas überladen.
Preise: Berlina 1.600.000 Lire, T.I. 1.740.000 Lire
Lieferzeit laut Preisliste: 10 bis 15 Tage

Alfa Romeo Giulietta Sprint Veloce, Carrozzeria Ghia, 1954

Bekanntlich wurde mit der Serienproduktion der Giulietta Sprint Bertone beauftragt. Es ist weniger bekannt, dass aufgrund der noch sehr handwerklichen Ausrichtung von Bertone die Hilfe von Ghia benötigt wurde. Deren Direktor Boano wurde beauftragt, die damals schon ein paar Jahre alten Designskizzen, die Alfa-Romeo-Karosseriemann Scarnati zusammen mit dem Bertone-Chefdesigner Scaglione angefertigt hatte, in eine für die Serienfertigung geeignete Ausführung umzusetzen. Damit war Ghias Aufgabe aber beendet und die Firma von weiterer Mitwirkung ausgeschlossen. Als Alfa Romeo die Einführung der Version „Sprint Veloce" anging, schlug Ghia einen eigenen Entwurf vor. Die eher kantige Front kontrastiert mit dem rundlichen Heck mit den stark ausgeprägten hinteren Kotflügeln.

Alfa Romeo Giulietta Berlina, Carrozzeria Introzzi, 1958

Diese Seite zeigt das einzige Werbefahrzeug auf Giulietta-Basis, das der Autor kennt.
Es entstand im Auftrag einer Maschinenfabrik bei der Firma Introzzi in Como, die auf Werbe- und Nutzfahrzeuge spezialisiert war. Die Unterbringung der Scheinwerfer in übergroßen Ventilschäften ist einzigartig.

Das Scudetto ist wahrscheinlich das einzige Karosserieteil, das vom Serienauto übrigblieb. Auch die Windschutzscheibe und die Felgen wurden geändert, der Umbau schloss sogar die Umrüstung auf Rechtslenkung ein.

Alfa Romeo Giulietta Sprint Veloce „Goccia“, Carrozzeria Michelotti, 1961

Dieses erste Fahrzeug, das Michelotti nicht nur zeichnete, sondern in seiner eigenen Firma baute, war die Turiner Antwort auf den Mailänder SZ. Der Wagen lief 1957 als Sprint Veloce vom Band und hatte bereits 1959 von Zagato im Auftrag von Carlo Antonio Mognaschi eine neue Karosserie bekommen, bevor 1961 Michelotti ihn für die Squadra Conrero neu karossierte, deren Werkstattleiter Riccardo Michi den Motor tunte.
Der Wagen war breiter, länger und flacher als der Sprint Veloce. Der Motor war auf 125 PS bei 7400 Umdrehungen gebracht, und die nur 750 kg Gewicht des Wagens, dessen Aufbau ganz aus Aluminium war, ließen ihn auf dem Hochgeschwindigkeitsoval von Monza die Geschwindigkeit von 222 km/h erreichen. Michelotti wählte ein leuchtendes Gelb als Farbe aus. Trotz der hervorragenden Messwerte und Michelottis Erwartung einer kleinen Serienfertigung blieb es bei einem Einzelstück, weil Alfa und Zagato sich auf die Produktion des SZ geeinigt hatten. Der Wagen gehört heute einem Schweizer Sammler.

Alfa Romeo Giulietta, Carrozzeria Moretti, 1958

Die einzigen Änderungen an der Front bestehen in den Chromringen der Scheinwerfer und der Lackierung der Innenfelder der seitlichen Kühlergrills in der Farbe des seitlichen Kontraststreifens der Karosserie. Am Heck fallen der Zierring um den Tankstutzen auf und die Heckleuchten der 2000 Berlina, die einerseits die Flossen betonen, andererseits aber das Heck schwerfälliger machen. Einige dieser Fahrzeuge hatten andere Kühlergrills, Sitzpolster in zweifarbigem Kunstleder, Armaturenbretter mit schwarzer Blendschutzlackierung, einen Automatikschalter für die Innenbeleuchtung, eine Gepäckablage unter dem Armaturenbrett und eine Motorraumbeleuchtung. Preise: Berlina 1.550.000 Lire, T.I. 1.700.000 Lire. Die Lieferzeitangabe auf der Preisliste – 8 bis 10 Tage – war womöglich sehr optimistisch.

Alfa Romeo Giulietta, Carrozzeria Pininfarina, 1955

Eine der eleganteren Versionen trägt einzelne Chromleisten in den seitlichen Kühlergrills, kommt ohne Stoßstangenhörner aus und hat Heckleuchten, die die Flossen betonen, sowie eine kleine Stufe, die waagerecht über die ganze Breite des Hecks verläuft und eine Aussparung für den Tankeinfüllstutzen hat.

Alfa Romeo Giulietta Spider Veloce, Carrozzeria Pininfarina, 1956

Die 24 Exemplare dieses Typs wurden sämtlich von der Hoffman Motor Car Inc. gekauft. Die seriennahe Ausstattung mit Stoßstangen, Radkappen und Luftfilter weist darauf hin, dass es den anvisierten Kunden mehr um das sportliche Image der Rennsportoptik ging als um die sportliche Leistung.

Alfa Romeo Giulietta SS „Spider Aerodinamica“, Carrozzeria Pininfarina, 1961

Pininfarina stellt diesen „Spider Aerodinamica“ auf dem Turiner Salon aus und gibt damit einen Vorgeschmack auf das Thema des *osso di seppia,* des Sepiaknochens, der später Duetto heißen sollte. Der Spider selbst ist von den beiden „Super-Flow“-Showcars inspiriert, deren ausgeprägte Heckflossen er allerdings nicht übernommen hat, denn sie waren bereits aus der Mode. Die auf ein Minimum reduzierten Scheibenrahmen machen den Spider fast zu einer Barchetta. Die versenkten Scheinwerfer und die versenkbare Heckscheibe sind sehr charakteristisch.

Alfa Romeo Giulietta SS „Coupé Aerodinamico“, Carrozzeria Pininfarina, 1962

Auf dem Genfer Salon des folgenden Jahres wird der zuvor gezeigte Spider zum Coupé. Während die Form fast unverändert bleibt, ist unter der Haut ein kompliziertes Gestänge mit Gegengewicht eingebaut, mit dem das Dach zum leichteren Ein-und Aussteigen um 15 cm angehoben werden kann. Es wird elektrisch wieder per Druck auf einen Schalter in der Tür verriegelt.

Alfa Romeo Giulietta Sprint Veloce, Carrozzeria Scaglietti, 1957

Diese Sprint Veloce erlitt auf der Rennstrecke in Imola einen Unfall und wurde daraufhin von Scaglietti 1957 mit einer graumetallicfarben lackierten Aluminiumkarosserie neu aufgebaut. Der Auftraggeber, Domenico Rabino aus Modena, verkaufte den Wagen 1958 an einen Bekannten aus Sanremo.
Anfang der 60er Jahre verunfallte der Wagen erneut schwer und wurde anschließend fast gewiss verschrottet. Das Design nahm Anleihen beim 312 von Ferrari, einer Marke, der die Modeneser Carrozzeria Scaglietti eng verbunden war.

Alfa Romeo Giulietta, Carrozzeria Scioneri

Bei dem 1958 gebauten Exemplar in den oberen Bildern waren die Scheinwerfer in weit überstehende Höhlen eingelassen wie bei Bertone, während die Rückleuchten des Fiat 1100 in ein Heck mit ausgeprägteren Flossen transplantiert waren. Die Wagenflanke hatte einen auffälligen, V-förmigen Kontraststreifen, die hintere Stoßstange zog sich weit um die Kotflügel, die Dachlinie war über den Rand der Heckscheibe hinaus verlängert, der Innenraum hatte Kunstlederbezüge. Preis: 1.585.000 Lire, Lieferzeit etwa ein Monat.

Die zweite Serie hatte 1959 einen etwas schlichteren Auftritt mit doppelter seitlicher Chromleiste und einem Sprint-ähnlichen Kühlergrill. Die dritte Serie, dargestellt anhand der T.I. im letzten Bild, war nochmals vereinfacht, mit einer einzelnen Chromleiste, Ausstellfenstern und Kunstlederpolstern.

Alfa Romeo Giulietta, Carrozzeria Vignale, 1958

Dieses Modell wurde auf Basis der Berlina oder der T.I. gebaut, zu Preisen von jeweils 1.600.000 Lire und 1.725.000 Lire, und die Lieferzeit war mit 25 bis 30 Tagen angegeben. Vignale entwarf ein besonderes Zweifarbschema, um die Heckflossen hervorzuheben. Der hintere Teil des Daches wurde angehoben, um das Raumangebot hinten zu verbessern und das Heckfenster etwas zu beschatten. Auch ein Schiebedach aus Stoff oder Blech war im Angebot; im Innenraum gab es mit Stoff und Kunstleder bezogene Polster und zusätzliche Deckenleuchten.

Alfa Romeo Giulietta Sprint Veloce, Carrozzeria Zagato, 1956

Die erste Version zitierte unmittelbar das Coupé von Bertone, von dem es sich hauptsächlich durch die niedrigere Karosserie und, bei nur drei Exemplaren, die zwei „Buckel" auf dem Dach unterschied. Da Alfa diesen Umbau nicht unterstützte, mussten die Kunden mit ihrem eigenen Sprint zu Zagato kommen, um den Wagen dort umbauen zu lassen, was natürlich die Kosten erhöhte und die Produktion einschränkte. Die Serienkarosserie wurde bis auf die Bodengruppe entfernt und dann mit Aluminiumblechen und einem Gitterrohrrahmen neu aufgebaut. Vom Seriencoupé blieben Kühlermaske, Scheinwerfer, Heckleuchten und Kennzeichenbeleuchtung. Die neue Karosserie kostete etwa 1.200.000 Lire, die zum Kaufpreis vom 2.325.000 für einen Sprint Veloce dazukamen. Die angekündigte Wartezeit auf das fertige Auto betrug 60 Tage.
Die Nachfolgeversion des SVZ von 1958 (Foto unten) war noch leichter (120 kg Gewichtsersparnis gegenüber dem bereits abgespeckten Sprint

Veloce statt 90 kg bei den ersten SVZ) und das Design radikal verändert: aerodynamisch günstigere Form, kompakteres Heck, neue Windschutzscheibe und Lufteinlässe, Seitenscheiben und Heckscheibe aus Plexiglas, verkleidete Scheinwerfer und gewölbtes Scudetto. Auf dem Innenraumfoto ist außer den Sitzen, die denen des SZ sehr ähnlich sehen, ein weiteres typisches Zagato-Merkmal zu erkennen: die „Lippe" an der Hinterkante der Motorhaube für eine bessere Abführung der heißen Abluft aus dem Motorraum.

Der neue Entwurf nimmt die spätere Serienversion SZ vorweg, bis auf einen grundlegenden Wert: Der Radstand ist mit 2380 mm gegenüber dem auf 2250 verkürzten des künftigen SZ eine letzte Gemeinsamkeit mit dem Serien-Sprint. Von diesem SVZ entstanden insgesamt 18 Stück: einer 1956; drei mit „double bubble" im Dach 1957 und 14 mit glattem Dach 1958-1959.

Alfa Romeo Giulietta, Carrozzeria Zagato

1958 baute Zagato diese Berlina mit Zweifarblackierung und Chromleisten um die Lufteinlässe. Außerdem wurde der hintere Radausschnitt geändert, der Tankeinfüllstutzen in den Kofferraum gelegt, und der Innenraum in Stoff und Kunstleder ausgekleidet, der Dachhimmel in Kunstleder. Der Preis betrug 1.575.000 Lire, die Lieferzeit wurde mit 20 bis 30 Tagen angegeben.
1958 wurde eine T.I. mit ähnlichen Merkmalen wie die Berlina ausgestattet, aber ohne den Schirm auf den Scheinwerferringen und mit einer ungewöhnlichen Zweifarblackierung, bei der der Kontraststreifen nur den oberen Teil des Kotflügels und der Türbleche bedeckte. Statt des klassischen „Z“ trägt dieser Wagen einen Schriftzug „Zagato elaborazioni“ in Schreibschrift unter dem Seitenblinker. Die T.I. kostete 1.700.000 Lire. 1959 schließlich bot Zagato eine Berlina an, deren Heckleuchten in Nischen in den Heckflossen versenkt waren.

Alfa Romeo Giulietta Sprint Veloce

Der Privatrennfahrer Aristide Molteni ließ seinen Sprint Veloce, im ersten Bild, hauptsächlich an der Front modifizieren, um ihn strömungsgünstiger zu machen. Er nahm in Monza am 7. September 1958 mit der Startnummer 33 an der Coppa Intereuropa teil. Nach einem Unfall veränderte er den Wagen nochmals, so dass von der Serienform des Sprint Veloce kaum noch etwas zu erkennen war.

Alfa Romeo Giulietta Sprint Speciale

Das letzte Bild zeigt ein weiteres Fahrzeug von Molteni. Die Giulietta SS hatte er als Ausstellungsstück vom Turiner Salon erworben und für den Rennsport präpariert.

Alfa Romeo 2000 Berlina „Sole“, Carrozzeria Bertone, 1959

Dieses von Scaglione gezeichnete viersitzige Coupé war ein echter Gran Turismo, der den Antriebsstrang des 2000 Sprint auf dem Fahrgestell der 2000 Berlina mit 2720 mm Radstand verwendete, so dass vier Personen bequem in dem Wagen unterkamen. Alle vier Sitze waren als Einzel-Schalensitze ausgeführt.

Die zweite Version, bei der es sich möglicherweise um dasselbe, erneut modifizierte Fahrzeug handelte, unterschied sich nur im Vorderwagen, in dem ein stark stilisiertes Scudetto in einen rechteckigen Kühlergrill eingesetzt war. Eine der elegantesten Karosserien, die je auf Alfa-Romeo-Basis entstanden – der Wagen existiert noch heute.

Alfa Romeo 2000 Berlina „Luce“, Carrozzeria Bertone, 1959

Auf dem Genfer Automobilsalon stellte Bertone zusammen mit dem „Sole“ den „Luce“ aus, der nicht den Sprint-Motor hatte und auch kein Coupé war, sondern eine zweitürige, viersitzige Limousine mit der Technik der 2000 Berlina.
Der Wagen blieb recht nahe am Stil des Serienfahrzeugs, der Hauptunterschied lag in einem Glashaus mit wenigen dünnen Pfosten (daher der Name „Luce“, der „Licht“ bedeutet), großen, fast völlig ebenen Glasflächen und einem deutlichen Dachüberhang über der Heckscheibe. Der Kühlergrill kam ohne die beiden dicken waagerechten Chromleisten aus, was dem Ganzen ein luftigeres Aussehen verlieh.

Alfa Romeo 2000 Sprint, Carrozzeria Bertone, 1962

Von Giugiaro gezeichnet und zum Turiner Salon 1961 angekündigt, tauchte der Wagen jedoch erst auf dem Genfer Salon 1962 auf. Er blieb ein Einzelstück und war im Grunde ein aufgeschnittener 2000 Sprint: Giugiaro wollte sich nicht weit von seinem Sprint Coupé entfernen, der das bis dahin bedeutendste Werk des noch sehr jungen Designers gewesen war. Seltsam jedoch, dass der Wagen mehrere Jahre nach der Premiere des Coupés entstand, als dieses kurz vor der Ablösung durch den 2600 stand. Vielleicht sollte es ein Vorschlag zur Ablösung des 2000 Spider sein, aber bei Alfa zog man weiterhin die Version von Touring vor. Bald darauf wurde der Wagen mit dem Motor des 2600 vorgestellt (unten), und in dieser Form existiert er bis heute.

Alfa Romeo 2000 Sprint, Carrozzeria Boneschi, 1961

Das Coupé nach einem Entwurf von Bonetto wurde auf dem Turiner Salon präsentiert und von der Presse als „bequem, elegant und für schnelles Reisen geeignet“ beschrieben. Auch wenn der Wagen mit übertriebenem Chromschmuck und betont kantigen Linien versehen wurde, ist die Grundform des Serienfahrzeugs noch zu erkennen.

Carrozzeria Boneschi

Alfa Romeo 2000 Sprint „Sestrière“, Carrozzeria Pininfarina, 1957

Die schönste Karosserie auf Basis des 2000 kam nicht ganz zufällig von Pininfarina. Das 2+2-sitzige Coupé wurde auf dem Turiner Salon 1957 vorgestellt. Seine schnittige Linienführung begann mit einer sehr eleganten Front, an der das Fehlen des klassischen Alfa-Scudetto auffällt: der Kühlergrill ist ganz waagerecht ausgerichtet, und die Leisten gehen auch seitlich weiter. Am interessantesten aber ist die Schiebetüre für den Fahrer, deren Schiene im unteren Rand der Türe eingelassen ist und so die Seitenfläche des Wagens nicht stört.

Im nächsten Jahr wurde der Wagen sowohl in Turin wie in Genf gezeigt und hatte nun eine konventionellere Lösung für die Türöffnung, die eine Kleinserienfertigung wirtschaftlicher gemacht hätte (unteres Bild der vorigen Seite). Die Einfassung der Scheinwerfer wurde geändert, sie standen jetzt weiter hervor. Man beachte den Hüftknick hinter der Tür und die zweigeteilten Heckleuchten, die helfen, die leichten Flossen zu akzentuieren.

Alfa Romeo 2000 Sprint „Praho“, Carrozzeria Touring, 1960

Bianchi Anderloni entwickelte das Design für einen Nachfolger des veralteten 1900 SS, als er ein Buch über Segelschiffe las. Darin stieß er auf den „Praho“ oder „Perahu“, einen Segelschiffstyp mit konkavem Heck, wie er in Javasee und Südpazifik gebräuchlich ist.
Daher stammt die Idee zu dem konkaven Heckfenster, die außer dem stilistischen auch praktische Gründe hat, denn die Aerodynamik verbessert sich leicht durch eine bessere Umströmung des Dachs, und die hinteren Dachpfosten können so zurückverlegt werden, dass sie die Sicht der Insassen weniger behindern. Die beiden Dachpfosten laufen in Heckflossen aus.
Noch eleganter wirkte das Interieur, geschmackvoll zweifarbig in kamelbeige und haselnussbraun gehalten, was gut zum Dunkelgrün der Karos-

serie passte. Die Details waren sehr sorgfältig gestaltet: Die langgezogene Armlehne erinnert an den Kiel eines Segelbootes, die Sitze sind zur Vibrationsdämpfung in Silentblöcken gelagert, der ganze Instrumententräger ist in die Mitte verlegt und das Armaturenbrett vor den Sitzen sehr schlank gehalten, so dass es den Knien der Insassen nicht in die Quere kommt.

Touring baute für Alfa Romeo bereits den 2000 Spider, schuf den „Praho“ aber auf einer Sprint-Bodengruppe, deren längerer Radstand einen größeren Innenraum zuließ: Alfa selbst wollte dem Sprint von Bertone ein höher positioniertes Modell zur Seite stellen. Aber der Praho, der auf dem Turiner Salon 1960 ausgestellt wurde, blieb ein Einzelstück, das übrigens noch existiert.

Alfa Romeo 2000 Sprint, Carrozzeria Vignale, 1958

Dieser Michelotti-Entwurf wurde in drei Hauptvarianten gebaut. Die erste basiert auf dem Design des 2000 Spider von Touring und ist hier in drei leicht unterschiedlichen Versionen zu sehen. Zum einen wollte Alfa ein Coupé entwickeln, das einen Teil von bereits in Serie produzierten Blechteilen verwendete, um die Kosten einer Kleinserie gering zu halten. Zum Zweiten erhielt Vignale oft keine nackten Fahrgestelle, sondern unverkaufte Lagerwagen, so dass es wirtschaftlicher war, keine allzu großen Änderungen an der Form vorzunehmen.
Auf dem Turiner Salon wurde ein Exemplar gezeigt (Foto auf der Seite rechts), dessen Front mit üppigem Chromschmuck beladen war, das Scudetto leicht eingelassen, das Alfa-Wappen auf der Karosserie, vergrößerte Stoßstangenhörner und stark verzierte Radkappen fallen ins Auge.

Ein anderer Wagen dieser ersten Reihe (Fotos untere Reihe) wurde mit auffallenden Heckflossen „amerikanisiert“, die von den Heckleuchten und den Stoßstangenhörnern gebildet wurden.
Die zweite Variante, vielleicht ein Einzelstück, zeigte Doppelscheinwerfer und ein um die Waagerechte geknicktes Scudetto am Bug, während das Heck eine ausgeprägte Braue an der Kofferraum- und Kotflügelkante hat, welche die Leuchten umschließt. Die dritte Variante mit geradem Scudetto und trapezförmiger statt ovaler Umrandung der Doppelscheinwerfer wurde mit geringen Variationen in kleiner Stückzahl gebaut: Einige hatten doppelte Chromleisten in den Kühlergrills und eine mittig geteilte vordere Stoßstange.

L15874 M

Alfa Romeo 102/B, 1959

Alfa Romeo war in Brasilien bereits durch die FNM (Fàbrica Nacional de Motores) vertreten, die in Lizenz Alfa-Lastwagen baute. Im April 1957 begannen Gespräche über das Projekt FABRAL (Fàbrica Brasileira de Automòveis Alfa). In Sao Paolo sollte ein Werk zur Produktion der 2000 Berlina in der italienischen Ausführung gebaut werden, die aus Imagegründen das Alfa-Romeo-Logo und nicht das von FNM tragen sollte. Der Name 102 ist die interne Typenbezeichnung der 2000 Berlina, während das B für „Brasileira" steht. Der Plan sah vor, 1959 mit einer Stückzahl von 3000 zu beginnen und bis 1961 auf die volle Kapazität von 10.000 Einheiten Jahresproduktion hochzufahren. Dieses Projekt kam aber nicht zum Abschluss. Es wäre parallel zur FNM-Fertigung und nicht als Ersatz für sie gedacht gewesen, die sich laut Vertrag auf Nutzfahrzeuge beschränkte.

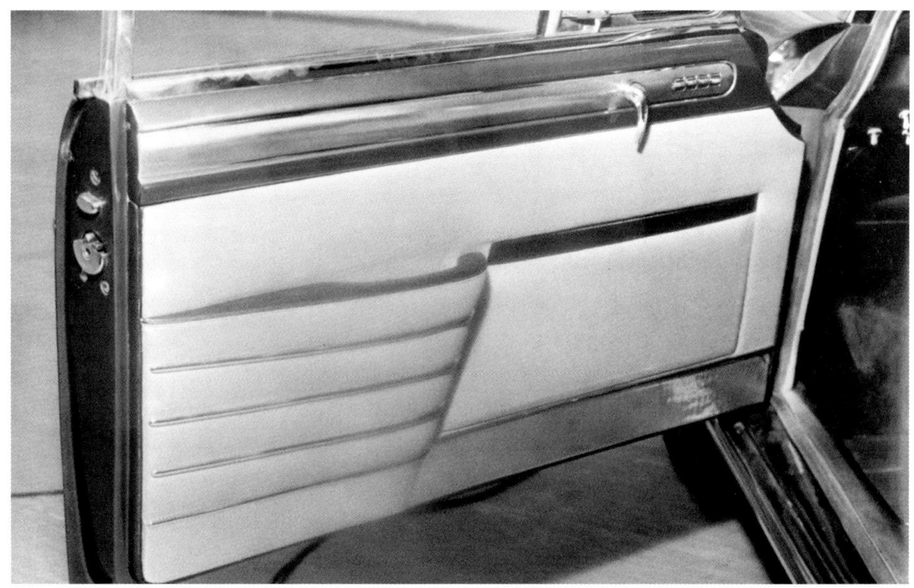

Alfa Romeo 2000, Karosserie FNM, 1961

1961 feiert der 2000 Premiere (erstes Foto), mit dem Markenzeichen FNM und der Modellbezeichnung „JK“, den Initialen des brasilianischen Präsidenten Juscelino Kubitschek. Als dieser durch einen Staatsstreich entmachtet wird, ändert sich die Bezeichnung in ein schlichtes „2000“. Der Wagen wurde in Xerém unter Verwendung von Bauteilen aus Italien gefertigt.

Alfa Romeo 2150, Karosserie FNM, 1970

Der 2150 entstand durch eine Hubraumvergrößerung auf 2132 cm^3, mit der die Leistung auf 125 PS stieg, und hatte ein Fünfganggetriebe. Außerdem unterschied er sich vom 2000 durch die Front mit glatter Haube und die vom nur noch angedeuteten Scudetto geteilte Stoßstange. 1972 wurden Stoßstange und Scudetto nochmals geändert, letzteres wurde dem der italienischen Autos wieder ähnlicher. Das Modell wurde bis 1974 verkauft.

Alfa Romeo 2000 „Onça“, Karosserie FNM, 1966

Zwei Ableitungen des 2000 waren der „Onça“ (ein Coupé mit zwei oder vier Scheinwerfern, auf diesen Seiten abgebildet) und der „2000 TIMB“ (Turismo Internazionale Modello Brasile), der 1966 auf den Markt kam und dank zweier Doppelvergaser sogar 160 PS leistete. Die an US-Vorbildern orientierte Linie ähnelt schräg von hinten der des zeitgenössischen Ford Mustang.

Alfa Romeo 2300 „RIO“, Karosserie FNM, 1974

1974 ersetzte der neue 2300 den 2150, und die Marke FNM verschwand von den Autos. Die Form des neuen Modells war eindeutig an die der Alfetta angelehnt, aber die beiden Autos unterschieden sich stark. Der 2300 hatte nicht nur einen größeren, immer noch auf dem alten 1900 aufbauenden Motor (2310 cm^3, 140 PS), er war auch erheblich größer als die Alfetta (41 cm länger). Mit einem vorn am Motor und nicht hinten am Differenzial angeflanschten Fünfganggetriebe und einer einfachen Starrachse statt der De Dion-Aufhängung war er aber auch technisch schlichter als das italienische Modell.
1976 debütierten auf dem Autosalon von Sao Paolo zwei weitere Versionen des 2300, der „ti“ und der „B“: Ersterer war eine mit zwei Doppelvergasern leistungsgesteigerte Ausführung, von der Ende der 70er Jahre auch einige Exemplare nach Deutschland importiert wurden, und die äußerlich an zwei Chromleisten im Kühlergrill und am vierblättrigen Klee-

blatt auf der C-Säule erkennbar war. Der „B“ hingegen unterschied sich vom normalen 2300 durch einen leicht modifizierten Kühlergrill, neue Türgriffe, Außenspiegel, geänderte Heckleuchten, quadratische Seitenblinker, fehlende Stoßstangenhörner, schwarze Wischerarme und einen geänderten Innenraum mit neuem Lenkrad und serienmäßigem Radio. Die Fertigung des 2300 endete 1986, als das brasilianische Werk entschied, nur noch Fiat-Modelle herzustellen.

FNM in Belo Horizonte war ein am 18. Juni 1942 gegründetes brasilianisches Unternehmen, das Flugmotoren baute. Der erste Kontakt mit Alfa ergab sich 1950, als FNM die Lizenz zur Fertigung von Alfa-Lkw erhielt. Das Unternehmen deckte danach mit 4000 Mitarbeitern 75 % des brasilianischen Lastwagenmarktes ab. Es dauerte noch bis 1960, bis sich FNM und Alfa auf die Produktion von Personenwagen einigen konnten. 1968 erwarb Alfa Romeo die Aktienmehrheit von FNM und ei-

nigte sich im März 1973 mit Fiat über die gemeinsame Produktion von Nutzfahrzeugen in Brasilien. Dieses Abkommen sah eine Verteilung der FNM-Anteile mit 51 % für Alfa Romeo S.p.A., 43 % für FIAT S.p.A. und 6 % für den brasilianischen Staat und Streubesitz vor.

Alfa Romeo 2600 „High Speed“, Carrozzeria Bertone, 1963

Das zweisitzige Coupé entstand auf dem verkürzten Radstand des Spider. Die stark geneigte Front erscheint wie ein Vorgriff auf die viel später realiserte Frontpartie des Alfa 164. Die besonders in der Seitenansicht etwas indifferent und unentschlossen wirkende Linienführung ließ das Projekt in diesem Stadium steckenbleiben.

Alfa Romeo 2600 Spider „Studionove“, Carrozzeria Boneschi, 1963

Dieser Entwurf von Bonetto erregte auf dem 45. Turiner Salon 1963 mit seinen „gespannten Linien“ Aufsehen, dem kantigen Stil der Carrozzeria Boneschi in jenen Jahren. Der Name „Studionove“ leitet sich aus einer Serie von Entwürfen in diesem Stil ab, in der dieser Spider Nummer neun *(nove)* war.

MI M7
822

Alfa Romeo 2600 Berlina „CEA“, 1964

Von den zwölf Fahrzeugen, die vom Brandbekämpfungsspezialisten CEA antincendi gebaut wurden, hat nur ein einziges überlebt. Es war an der Rennstrecke von Varano de' Melegari (Provinz Parma) im Einsatz. Die Ausrüstung umfasste eine Löschkanone mit drei Rohren, einen Wasserbehälter von 280 Litern Nenninhalt mit einem Druckspeicher mit 9 atm Druck, einen Behälter mit 30 Litern Löschschaumlösung, einen Behälter mit 100 kg Löschpulver unter 9 atm Druck, und einen Behälter mit 80 kg Halogenflüssigkeit unter 9 atm Druck. Außerdem waren zwei 15 Meter lange Löschschläuche und sechs tragbare Feuerlöscher mit je 6 kg Inhalt an Bord.

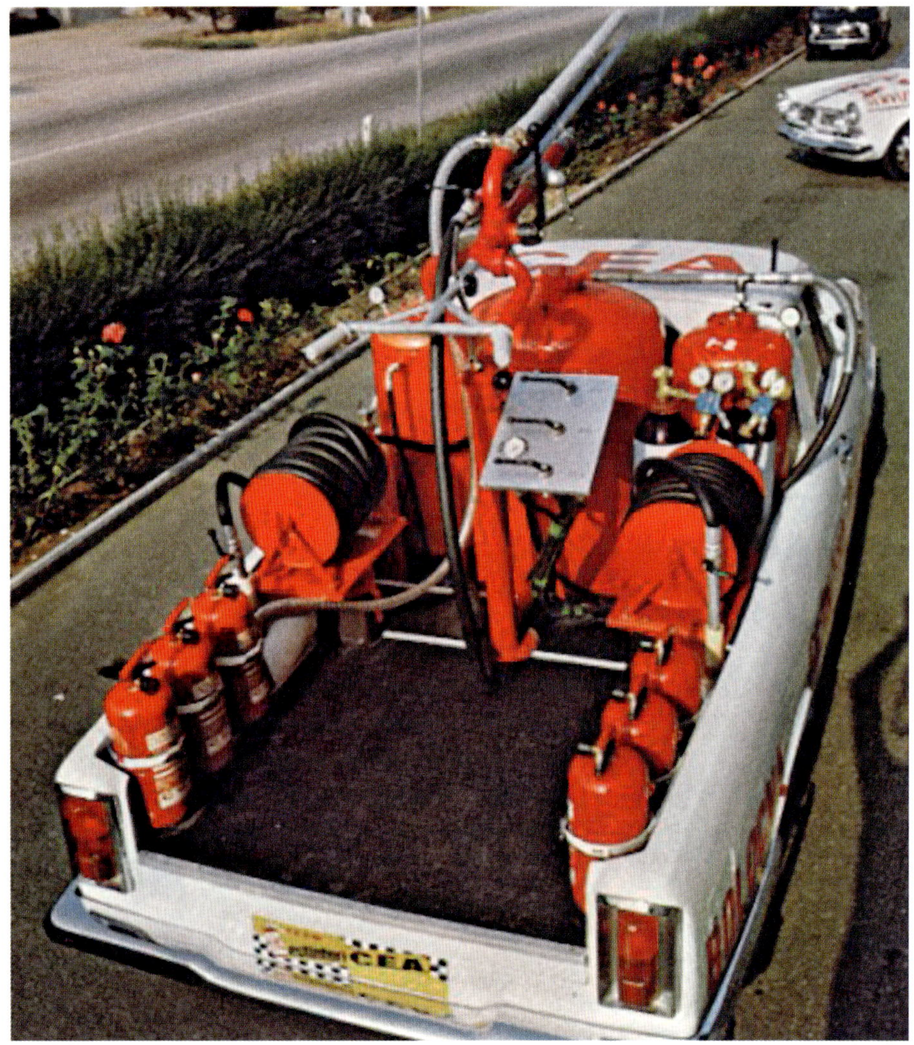

CEA
ESTINTORI
CEA
ESTINTORI
CEA
SERVIZIO CORSE
CEA
15

Alfa Romeo 2600 Sprint „CEA“, 1963

Zwei Exemplare, von denen eines noch existiert, waren auf der Rennstrecke von Varano de’ Melegari (Provinz Parma) als schnelle Löschfahrzeuge für den ersten Einsatz bis zum Eintreffen der noch kompletter ausgestatteten Berlinas stationiert. CEA hatte auch drei Giulia-Kombis, die keine besonderen Umbauten hatten, zur Unterstützung im Fuhrpark.

SERVIZIO CORSE
CEA
22

Alfa Romeo 2600 Spider, Carrozzeria Ghia, 1962

Der sachlich und elegant gestaltete Spider wurde von Ghia als Vorschlag zum Ersatz des 2000 Spider von Touring gebaut. Die Radkappen sind erkennbar noch vom 2000.

Alfa Romeo 2600 „Spider Speciale“, Carrozzeria Pininfarina, 1962

Auf dem Genfer Salon 1962 stellte Pininfarina sowohl dieses Fahrzeug als auch seine eigene Version des Giulietta SS aus: Man sieht die stilistische Verwandtschaft der beiden Entwürfe, die einen weiteren Entwicklungsschritt des Themas „Osso di Seppia“ darstellen, das letztlich zum „Duetto“ führen sollte. Im Vergleich zum SS fällt das Fehlen der breiten Längskehle in der Wagenflanke auf, die beim Duetto wieder auftauchte, hier aber durch eine einfache scharfe Lichtkante ersetzt ist. Die extrem reduzierte, ausgewogene und schnittige Form mit dem niedrigen und

schmalen Lufteinlass erregte Aufsehen. Das Scudetto war stark nach vorn geneigt und ebenfalls sehr reduziert. Die flache Motorhaube lief in einer Linsenform aus, in die sich die Klappscheinwerfer einfügten.
Im Folgejahr wurde auf dem Autosalon in Brüssel die vom Spider abgeleitete Coupé-Version ausgestellt, deren luftige Dachstruktur ohne B-Säule auskam. Ein weiteres Bild, vielleicht desselben Wagens, zeigt ihn mit teilweise sichtbaren Scheinwerfern und Speichenrädern.

Alfa Romeo Tipo 103, Carrozzeria Alfa Romeo, 1960

Schon 1954 hatte Rudolf Hruska den Plan zu einem kleinen Fahrzeug mit Frontantrieb und einem luftgekühlten Motor mit etwa 900 cm^3 Hubraum. Es gab sogar eine Studie für einen Vierzylinder-Boxer. Nachdem sich das Projekt bis 1958 hinzog, kehrte man zum wassergekühlten Reihenmotor zurück. Zwei Jahre später hatte dieser Prototyp einen Doppelnockenwellen-Vierzylinder mit nur 896 cm^3 und 53 PS, ein mit dem Motor verblocktes Getriebe und Scheibenbremsen.

Er war 3,60 Meter lang und 720 kg schwer, und die Karosserieform verwies bereits auf die kommende Giulia. Es war der erste Alfa Romeo-Personenwagen mit Frontantrieb und der kleinste Motor, der von Alfa je verworfen wurde, ohne in Serie zu gehen. Hruskas zeitweiser Weggang und die Arbeit an der Giulia vereitelten diesen brillanten Ansatz, von dem auch drei Versuchsmotoren erhalten geblieben sind. Das Projekt wurde 1967 noch einmal aufs Tapet gebracht, aber vom Entwurf des Alfasud in den Schatten gestellt.

Alfa Romeo Giulia GT, Carrozzeria Bertone, 1963

Direkt nach der Präsentation der Giulia GT nahm man den Ersatz des Giulia Spider in Angriff, dessen Karosserieform nunmehr veraltet war, und dachte dabei daran, die Bodengruppe und möglichst viele Blechteile des Serien-GT zu verwenden. So entstand dieser Prototyp, der nichts mit dem der Giulia GTC zu tun hat. Er war sehr schlicht geformt, hatte eine neue Front und übernahm viele Details von anderen Alfa-Modellen: Türgriffe vom 2600 Sprint, Rückleuchten vom SS, Getriebe und Motor von der Giulia GT, aber weiterhin Trommelbremsen und einen Handbremshebel unter dem Armaturenbrett wie die Giulietta. Der Entwurf fiel beim Centro Stile durch, das kurz darauf grünes Licht für den „Duetto“ gab.

Alfa Romeo Giulia GT „Sprint Speciale", Carrozzeria Bertone, 1963

Mit seiner gegenüber dem Giulia Sprint GT aufwändiger gestalteten Karosserie hätte dies der Nachfolger der Giulietta SS sein können. Die sehr schnittige Seitenansicht, das flach geneigte Heckfenster und besonders der Umriss des Seitenfensters sind Stilelemente, die Bertone bald darauf beim Montreal verwenden sollte. Der Wagen blieb jedoch ein Einzelstück, das in der Sammlung des „Museo Storico Alfa Romeo" erhalten ist.

Alfa Romeo Giulia TZ2 „Canguro“, Carrozzeria Bertone, 1964

Ein hinreißender Wagen von Bertone, dessen wesentliche designprägende technische Elemente von der Carrozzeria selbst stolz hervorgehoben wurden: bündig in die Karosserieoberfläche eingelassene Scheiben, sonst ein Merkmal von Zagato und möglich dank eines Spezialklebers aus der Luft- und Raumfahrttechnik, der Dichtgummis und Metallleisten überflüssig machte, und die angehobene, bogenförmige Heckpartie sowie die eigens entworfenen Felgen aus Elektron (Magnesium-Aluminiumlegierung). Hinzu kam die sphärische Form der Fahrerkabine, in der alle Innenraumteile, die den Fahrer stören

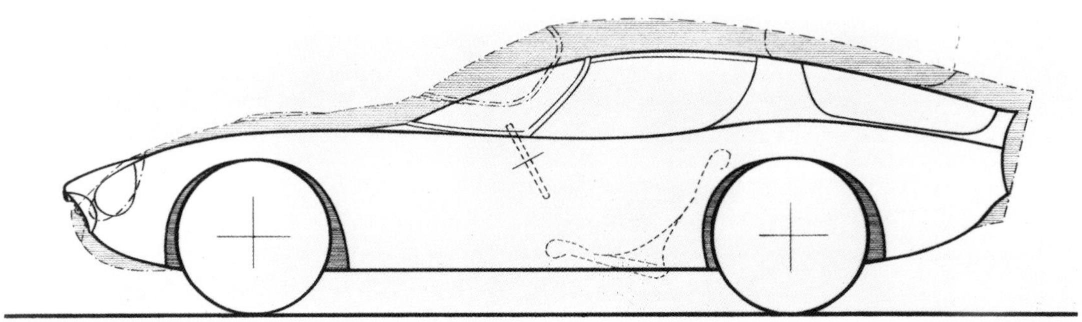

könnten, blendfrei lackiert waren. Weniger wichtig bei einem auf den Rennsport abzielenden Fahrzeug war die Position des Tachos, den man vor den Beifahrer gesetzt hatte.
Keinesfalls vernachlässigt hatte man die Qualität der Innenausstattung (auch wenn diese sich bei 660 kg Leergewicht natürlich auf das Wesentliche beschränkte), die hervorragenden Sichtverhältnisse und einige pfiffige Lösungen wie die durch Aussparungen in den Längsträgern des Gitterrohrrahmens erzeugten Ablagen, oder das vierblättrige Kleeblatt auf dem hinteren Dachpfosten, das die Zwangsentlüftung des Innenraums enthielt. Die Aufmerksamkeit, die gerade auf die Funktionalität des Innenraums verwendet wurde, lässt vermuten, dass Bertone eigentlich die Fertigung eines Straßen-Gran-Turismo in Kleinserie beabsichtigte: sorgfältiger gestaltet als die Zagato, aber sportlich. Mit nur 106 cm Höhe und 160 cm Breite ist es ein Fahrzeug mit schlichter, sauberer Form und extrem leicht dazu. Leider blieb es auch nach seinem Auftritt auf den Salons von Paris und Turin 1964 ein Einzelstück, das immerhin noch heute existiert.

ALFA ROMEO

Alfa Romeo Giulia Super, Carrozzeria Colli, 1965

Zwei Exemplare dieser Giulia Super wurden anlässlich des Besuches des italienischen Staatspräsidenten Giuseppe Saragat bei Alfa Romeo im Oktober 1965 gebaut. Beide sind erhalten.

Alfa Romeo Giulia

Eine kleine Kuriosität zum Thema „Giulia im Ausland“: Die Alfa Romeo-Händler von Pretoria in Südafrika, Rossi und Benito, bauten für ihren Kundendienst eine Giulia zum Pick-up um. Man beachte die kleine Persenning über der Ladefläche der Pritsche.

Alfa Romeo Giulia, Carrozzeria Casale, 1967

Dieses Einzelstück mit Bodengruppe und Antriebstechnik der Giulia nahm 1967 am Concorso di Eleganza von Cortina teil.

Alfa Romeo Giulia „Scarabeo“, Carrozzeria OSI, 1966

Ein in 500 Exemplaren jährlich gebauter Gran Turismo, um die Rennsporthomologation für die Gruppe 3 zu erreichen – das war der Auftrag an die OSI-Leute, die sowohl die Kunststoffkarosserie als auch den aus Stahlrohren geschweißten Gitterrahmen entwickeln sollten. Die relativ große geplante Stückzahl legte die Verwendung von so vielen Serienteilen wie möglich nahe, um die Kosten zu begrenzen. Den hinter den Sitzen quer eingebauten Motor der Giulia GTA wollte man anfangs mit Fahrwerkselementen und Lenkung des Renault R8 kombinieren. Alfa-Präsident Luraghi legte sofort Widerspruch ein und bestand darauf, Alfa-Teile zu verwenden. Da Versuchsfahrten mit den Radaufhängungen der Giulia unbefriedigend verliefen, übernahm man schließlich den ganzen Vorderwagen des 33.

Weitere Merkmale waren die Einzelradaufhängung rundum, der weit hinten liegende Fahrersitz, das ganz nach vorn schwenkende Cockpit zum besseren Ein- und Ausstieg, die Karosserie aus verstärktem Polyester, die das Gesamtgewicht auf nur 700 kg begrenzte, und der mittlere

Bereich des Rahmens mit seiner H-Form, der den Tank aufnahm. Das abgeschnittene Heck, das aus einem einzigen abklappbaren Element bestand, trug die Rücklichter. Das Alfa-Scudetto an der Front war auf einen einfachen Umriss reduziert, der ins Material geprägt war, auch wenn es wie aufgemalt wirkte.
Die Windkanaltests zeigten brillante Ergebnisse, und man plante schon den Einbau aller Giulia-Motoren vom 1300 bis zum 1750. Weil der Wagen aber insgesamt zu viele aufwändige Lösungen enthielt, die eine Serienversion zu teuer gemacht hätten, wurden letztlich nur drei Exemplare gebaut, die sämtlich erhalten sind. Es waren ein Spider und zwei Berlinette, von denen eine (im unteren Bild) sich hauptsächlich durch eine kürzere Front, ein festes Dach und ein stärker geneigtes Heck unterschied.

Alfa Romeo Giulia „Leontina", Carrozzeria Pettenella, 1975

Der Name dieser Replik des 6C 1750 Gran Sport Zagato leitete sich von der Strada Leontina in San Leo, Provinz Pesaro ab, wo die Carrozzeria Pettenella ihren Sitz hatte. Der Wagen hatte den Antrieb des Alfa Romeo 2000, die Karosserie aus Aluminiumblechen saß auf einem Rahmen, der dem des historischen Originals entsprach. Die vorderen Scheibenbremsen waren so verkleidet, dass sie wie Trommelbremsen aussahen. Die Sitze waren mit Leder bezogen. Die Farbauswahl umfasste Rosso Corsa, Schwarz mit Rosso Corsa, Schwarz mit Perlgrau sowie Braun mit Beige. Auf Wunsch wurde der Wagen auch als Rechtslenker oder mit Hardtop gebaut. Auch wenn es hunderte von Bestellungen aus den USA gab, 30 aus Japan und etwa zehn aus Kanada, wurden 1975 und 1976 nur sehr wenige Fahrzeuge gebaut, offenbar genau 14 Stück, wahrscheinlich, weil die Carrozzeria so klein war. Der offizielle Preis betrug 12.880.000 Lire.

Pettenella CARROZZERIA
S. LEO (PS) - Strada Leontina - Tel. 914074-5
TORINO - Via Monteponi 3 - Tel. 341002

Leontina
Gran Sport 1750

Alfa Romeo Giulia TZ2 „Sport Speciale“, Carrozzeria Pininfarina, 1965

Das Einzelstück gehörte auf dem Turiner Salon 1965 zu den meistbewunderten Fahrzeugen und wurde im Jahr darauf auf dem Genfer Salon gleich noch einmal gezeigt. Das Motiv des ausgeprägten Schwungs am Bug mit seinen verkleideten Scheinwerfern setzt sich konsequent über Windschutzscheibe und Fensterlinie bis nach hinten fort. Das Heck läuft sehr spitz zu und in einem schmalen Spiegel aus. Im Innenraum sind Rundinstrumente ganz klassisch und sauber arrangiert auf einem blendfrei umschäumten Armaturenbrett. Den Bug ziert ein sehr breites, flaches Alfa-Scudetto, seitlich von einfachen Chrom-Baffi umgeben, die auch als kleine Stoßstangen fungieren.

Alfa Romeo Giulia, Carrozzeria Vico, 1965

Die attraktive Form lässt an einen kompakteren TZ2 denken, weshalb dieser Aufbau auf Giulia 1600-Technik den Spitznamen TZ3 trug. Besonders ausgefallen sind die bis ins Dach reichenden Seitenfenster und die Flügeltüren. Der Wagen ist das Werk des *ingegner* Chizzola, eines Alfa-Händlers aus Udine, der mit Carlo Chiti Gründer der Firma Autodelta war, als die noch in Felletto Umbertino (Provinz Udine) residierte, bevor sie nach Settimo Milanese umzog.

Alfa Romeo 1750, Carrozzeria Bertone, 1971

Bertone machte diesen Vorschlag für ein viersitziges Coupé auf der Bodengruppe der Berlina. In diesem anfangs mit der Nummer 119 versehenen Projekt erkennt man die Linienführung der kommenden Alfetta GT. Der etwas überladene Kühlergrill mit dem neu gestalteten Scudetto, die sehr kantige Linienführung und die kompliziert geformte Heckpartie verhinderten, dass dieser Entwurf voll starker Persönlichkeit weiterentwickelt wurde, auch wenn es jedenfalls nicht an interessanten Elementen fehlte: die großzügige Verglasung etwa und die zwei Auspuffrohre. Die Heckklappe mit der großen integrierten Heckscheibe erinnert an den Montreal.

Alfa Romeo 1750, Carrozzeria Italdesign, 1971

Ein weiterer Designschritt in Richtung der endgültigen Alfetta-GT-Form, in dem auch einige Züge des Alfasud Sprint erkennbar sind. Das Quadrifoglio-Kleeblatt im hinteren Dachträger wurde vom Centro Stile Alfa selbst gewünscht, dem Giugiaro das fertige Fahrzeug vorstellte. Es hat neben dem dekorativen auch einen funktionalen Zweck: Es verkleidet die Zwangsentlüftung des Innenraumes und war eine Idee Giugiaros, der sie schon 1964 beim Canguro verwendet hatte.

Beachtenswert sind die nur teilweise sichtbaren Scheinwerfer, die auf den ersten Skizzen für den Alfetta GT wieder auftauchen, und das am Kühlergrill „hängende Scudetto“. Schön sind die in die Wagenflanke herumgezogenen Heckleuchten mit der Stoßstange, die ihre Linie aufnimmt.

Alfa Romeo 1750 „Giardinetta Veloce", Carrozzeria Pavesi, 1968

Der Mailänder Alfa-Händler Automil wollte eine Kombiversion des 1750 anbieten und verlängerte das Dach der Limousine bis zum Heckspiegel. Das Ergebnis war ein großer Laderaum bei einem nur um 50 kg höheren Leergewicht. Zahlreiche Komfort-Extras waren im Angebot: elektrische Fensterheber, elektrisches Schiebedach, heizbare Heckscheibe, Gepäckträger aus Stahl. Dazu gab es Sonderlackierungen und spezielle Innenausstattungen. Manche Exemplare trugen seitliche Zierleisten oder das Quadrifoglio-Emblem. Auch wenn einige Quellen von 20 gebauten Fahrzeugen sprechen, wurde diese Zahl wahrscheinlich nie erreicht, und von den wenigen tatsächlich gebauten blieb keines erhalten. Der Grundpreis für den Kombi betrug 2.650.000 Lire – gegenüber 1.970.000 Lire für die Serien-Berlina.

VIGILI DEL FUOCO

Alfa Romeo 1750

Auf der linken Seite ist ein 1750 zu sehen, der für die Alfa-Versuchsstrecke Balocco als Werksfeuerwehrwagen aufgebaut wurde. Teile der hinteren Tür blieben erhalten (man sieht den Türgriff), um den Zugang zur Pritsche zu erleichtern.

Alfa Romeo 2000

Unten ist ein ähnlicher Umbau abgebildet. Seltsamerweise ließ man diesmal den Kofferraum samt Deckel stehen, obwohl eine Pritsche für den Zweck praktischer erscheint. Außerdem gibt es hier gar keine Fondtüren mehr.

Alfa Romeo 2000, Carrozzeria F.lli Mariani

Dieser Ambulanzwagen hat ein leicht erhöhtes Dach und ein verlängertes Heck.

Alfa Romeo 2000, Carrozzeria Grazia.

Rechts unten ist ein weiterer 2000 zu sehen, diesmal ohne Heckverlängerung.

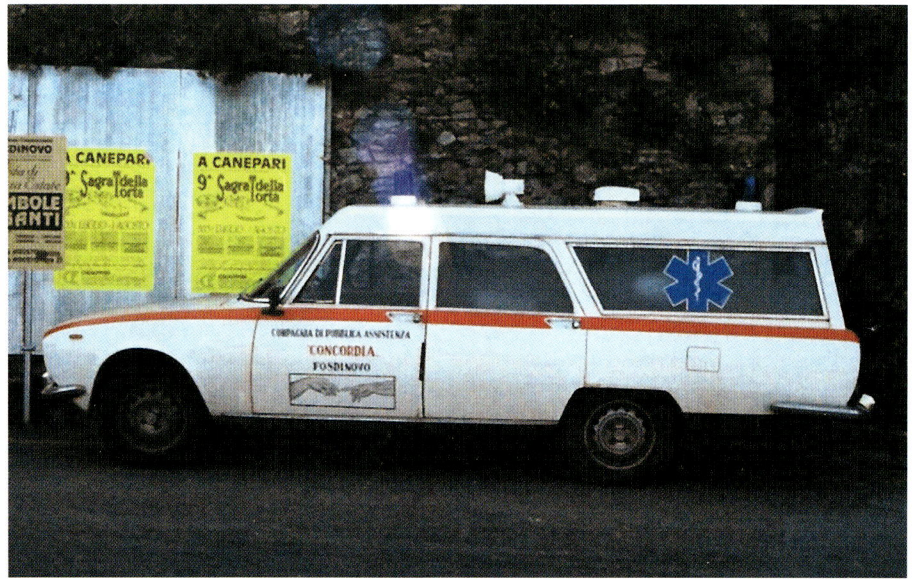

Alfa Romeo Prototyp, Carrozzeria Bertone, 1968

Dieser Prototyp ist der einer viertürigen Limousine, die mit den typischen Bialbero-Motoren mit 1,3 oder 1,6 Litern ausgestattet werden sollte. Die Studie verrät die Linien der kommenden Alfetta. Die beiden unterschiedlichen Seiten mit verschiedenen Entlüftungsöffnungen sowie mit und ohne Zierleiste sind typisch für nur intern genutzte Designstudien.

Alfa Romeo Alfetta GT, Carrozzeria Bertone, 1976

Mit diesem Entwurf beteiligte sich Bertone an der Suche nach der endgültigen Form für das Alfetta-Coupé. Die Frontpartie entsprach bis auf die Scheinwerfer dem Giugiaro-Entwurf, dahinter folgte eine Mischung aus Coupé und Shooting Brake. Es blieb beim Einzelstück, der Entwurf fiel durch.

Alfa Romeo Alfetta 1.6, Carrozzeria Grazia, 1980

Man erkennt den gleichen Grundaufbau wie beim 2000-Krankenwagen der Fratelli Mariani. Es gab auch noch einen weiteren Wagen mit Zweiliter-Motor; beide existieren noch.

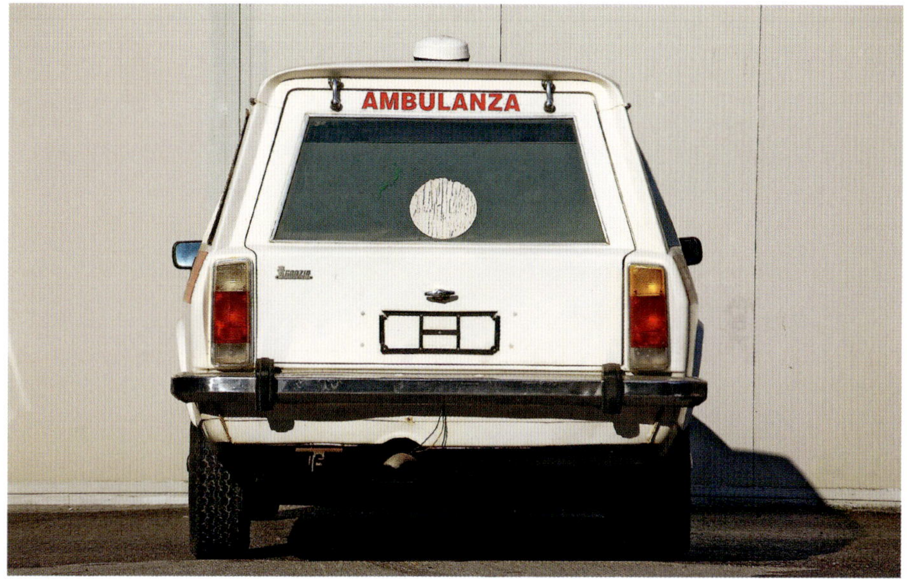

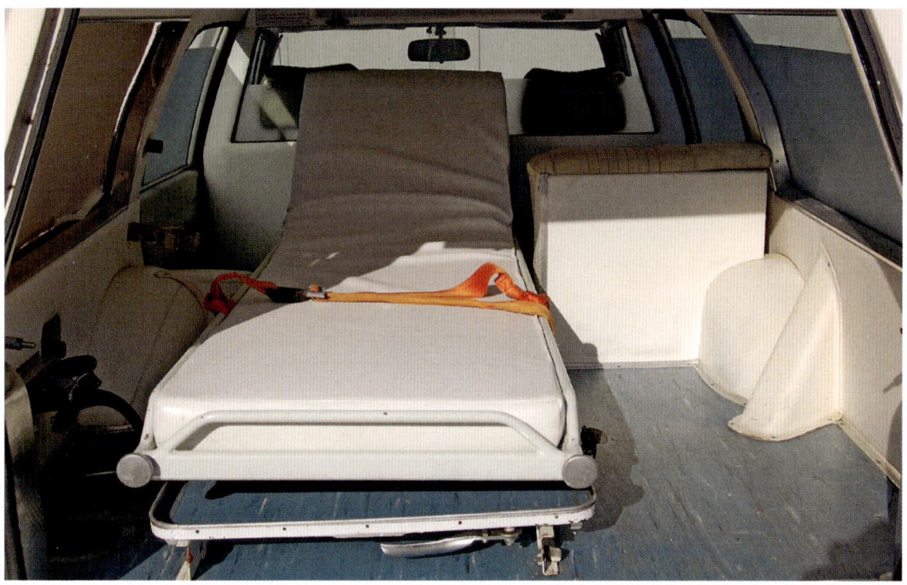

Die ungewöhnliche Form der hinteren Seitenfenster rührt daher, dass die originalen Fondtüren in den Kombientwurf integriert wurden.

Alfa Romeo Alfetta mit Panzerung, Carrozzeria Marazzi, 1978

Für dieses Buch haben wir uns entschieden, von den gepanzerten Versionen nur die Alfetta zu berücksichtigen. Panzerungen sind prinzipiell bei allen Modellen gleich. Die Alfetta wurde besonders oft von der Carrozzeria Marazzi gepanzert.
Auch Boneschi tat sich mit Panzerungen hervor, besonders auf Basis der „Nuova“ Giulietta 1.6 und des 2000 (70er Jahre). Zagato, der mehr dafür bekannt ist, Autos leichter zu machen als schwerer, baute ab 1978 gepanzerte Alfetta unter der Modellbezeichnung „Security“. Eine davon wurde auf dem Turiner Salon 1982 ausgestellt. Ab 1980 erhielt man bei Zagato auch gepanzerte Alfa 6. Auch der Alfa 90, ein Alfa 33 für die italienische Post und der Alfa 75 wurden gepanzert.

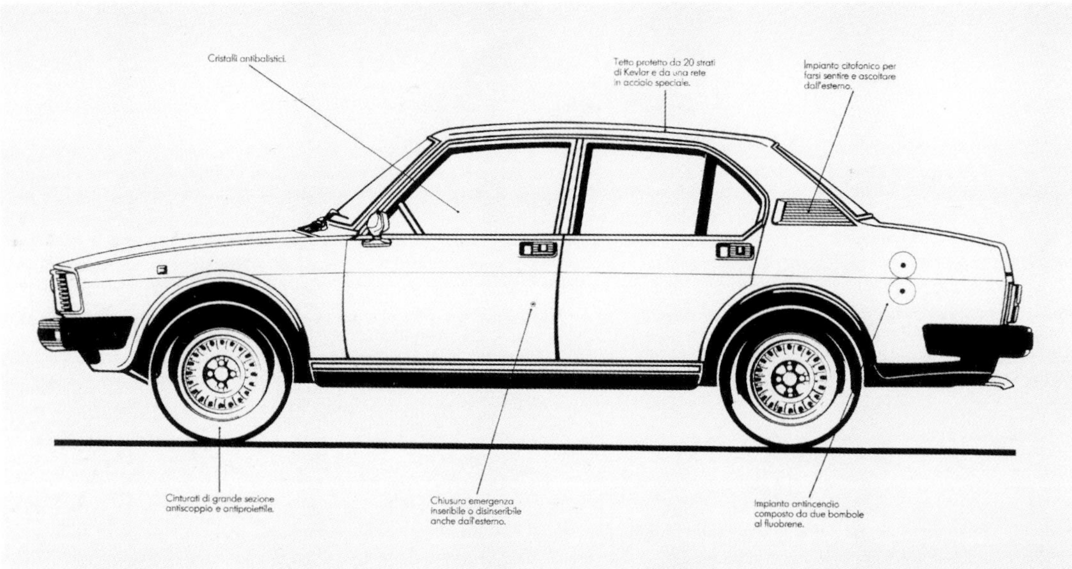

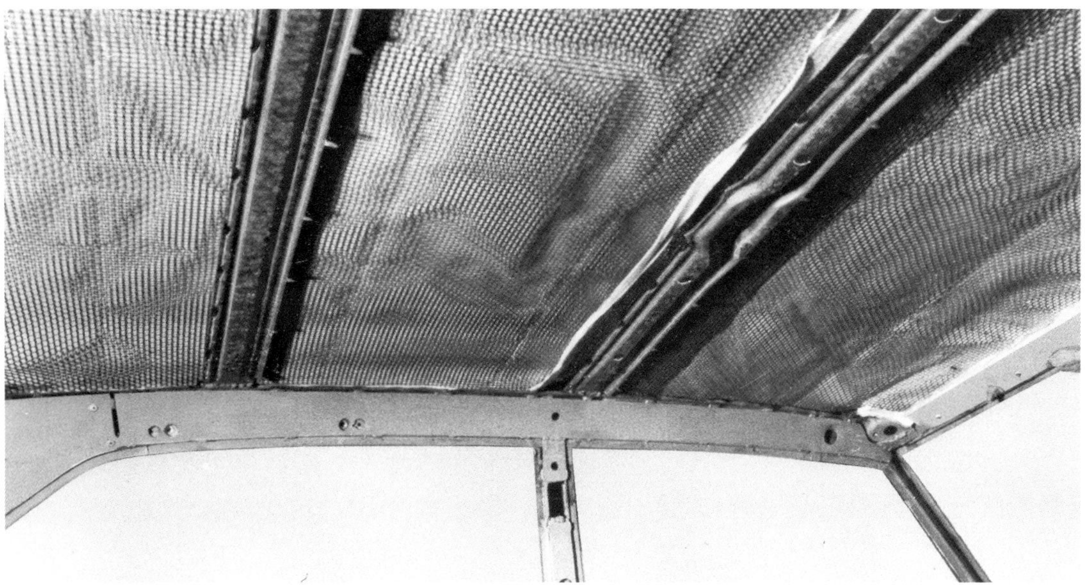

Alfa Romeo GTV6 „Alfazeta6“, Carrozzeria Zagato, 1983

Dieser Wagen versucht die perfekte Synthese aus einem Sportwagen, dem Komfort eines Gran Turismo und der Ausstattung einer Luxuslimousine: Elio Zagato selbst sprach von „dem Auto, das den Komfort in den Sport bringt“. Auf der anspruchsvollen Technik des GTV6 basierend und mit einer sehr sachlich gestalteten Aluminiumkarosserie versehen, war dieses Fahrzeug besonders im Inneren sehr sorgfältig gestaltet mit üppigen Lederverkleidungen und anatomisch geformten Sitzen. Die großen Türen reichen weit ins Dach, das die charakteristische „double bubble“ der berühmten Zagato-Sportwagen vergangener Jahrzehnte zitiert. Zagato wollte mit diesem Wagen eine rein italienische Alternative in einer vollständig von ausländischen Marken dominierten Marktnische anbieten. Trotz festen Willens und staunenden Publikums auf den Salons wurden nur zwei Exemplare gebaut, die beide erhalten sind.

Alfa Romeo Alfetta Q. Oro, Carrozzeria Zagato, 1983

Weil die Zeitschrift *AutoCapital* zeigen wollte, dass es Nachfrage nach einem hochklassigen Familienfahrzeug mit kompakten Außenmaßen und hohen Fahrleistungen gab, konzipierten Luca Grandori und Giuseppe Mittino in Zusammenarbeit mit Zagato diesen Kombi, dessen Abmessungen in der Tat nicht stark von denen der Limousine abweichen. Da die Alfetta vor dem Ende der Produktion stand, beschloss *AutoCapital,* mit einer Kleinserie bis zum Erscheinen des Nachfolgers Alfa 90 zu warten. Diese Kleinserie war aber nur kurz angedacht. Allerdings hatte *AutoCapital* dem Artikel über das Auto sogar ein Bestellformular beigelegt. Es waren fünf Motorisierungen vorgesehen. Mit Ausnahme verstärkter Hinterradfedern war die Mechanik allerdings unverändert.

In der Vorderansicht beschränken sich die Änderungen gegenüber der

Limousine auf die beidseitigen Außenspiegel des Alfa 6 der ersten Serie und größere Nebelscheinwerfer. Die Türen sind aus offensichtlich wirtschaftlichen Gründen dieselben der Limousine, das hintere Seitenfenster ist nicht ganz auf derselben Linie wie die Türen, weil die Karosseriestruktur nur begrenzte Änderungen zuließ. Der Wagen war reich ausgestattet, unter anderem mit einem Gepäckträger, dessen Längsträger fest eingebaut waren, während die Querträger verstell- und abnehmbar waren. Die Rückbank war geteilt umklappbar, um Sitzplätze und Laderaum beliebig anpassen zu können. Außerdem waren die Armlehnen neu gestaltet und die vielfarbigen Instrumente durch solche mit schwarzen Zifferblättern ersetzt.

Alfa Romeo Alfetta und Giulietta

Diesmal auf Alfetta-Basis: Die beiden Löschfahrzeuge waren die Nachfolger der 1750 auf dem Alfa-Romeo-Testgelände Balocco.

Alfa Romeo Alfetta, 1973

Eine Alfetta war Protagonistin einer Langstreckenfahrt, die 1973 mit der Zeitschrift *Oggi* organisiert wurde und vom Nordkap an der nördlichsten Spitze Norwegens zum Kap der guten Hoffnung an der Südspitze Afrikas führte. In 30 Tagen legte der Wagen fast 30.000 km zurück, davon mehr als 8000 abseits fester Straßen in Wüsten, Urwäldern und Savannen sowie auf Eis und bei Außentemperaturen, die von den sommerlichen zwei Grad unter null am Nordkap bis zu über 60 Grad Celsius der Wüste reichten. Für die Fahrt hatte der Wagen außer einem großen Dachgepäckträger ein Schutzgitter vor dem Kühlergrill, ein Schutzblech unter der Ölwanne und einen Zusatz-Ölbadluftfilter bekommen. Die Besatzung bestand aus dem Journalisten und ehemaligen Formel-1-Piloten Giancarlo Baghetti, Gianni Taroni, dem Beifahrer, Mechaniker und Organisator, und Fabio Galiani, Reporter von *Oggi*.
Die Fahrt war natürlich voller Hindernisse, besonders wenn der Wagen

sich im Wüstensand festfuhr. Aber lediglich ein defekter Stoßdämpfer und drei Plattfüße waren zu verzeichnen, die Zuverlässigkeit der Alfetta erwies sich als makellos. Bis auf die erwähnten kleinen Modifikationen war der Wagen serienmäßig. Ein kleiner Einblick in die Reportage: „Baghetti beschloss, den etwa zwanzig Meter hohen Abhang einfach hinunterzufahren – es war der einzig mögliche Weg. Seine beiden Mitfahrer dachten, dass es zu tief sei, aber Baghetti antwortete: ‚Wenn wir es nicht probieren, können wir nicht wissen, wie tief *zu* tief ist.' Und fuhr hinunter. Halb stürzend und halb rutschend, landete die Alfetta am Fuß des Abhangs auf der Nase und richtete sich kurz auf. Dann fiel sie zurück auf die Räder. Die Hinterräder fassten zu und schleuderten Steine und Erde in die Luft, dann schoben sie den Wagen nach vorn durch den Sand, während der Motor laut aufheulte …".

Alfetta Alfa Romeo

Alfa Romeo Alfasud, Carrozzeria Alfa Romeo, 1978

Der Alfasud Familiare wurde in einer ordentlichen Stückzahl gebaut, und rund 80 verteilte Alfa Romeo als Werkstattwagen an Vertragshändler. So ist das Werk auch Erstbesitzer dieses Wagens. Es sind möglicherweise auch Alfasud-Pick-up gebaut worden, dazu gibt es aber keine sicheren Angaben.

Alfa Romeo Alfasud 1.5 Q. Oro, Carrozzeria Alfa Romeo, 1982

Fachkonferenz Experiment Safety Vehicle in Kyoto, 1982: Alfa präsentiert zwei Prototypen. Der ESVAR (Energy Saving Vehicle Alfa Romeo, erstes Foto) weist einen Motor mit optimiertem Wirkungsgrad zur Verbrauchsreduzierung auf, flankiert durch Gewichtseinsparungen und optimierte Aerodynamik mit verringertem Luftwiderstandsbeiwert. Der Motor hatte eine elektronische Steuerung mit Zylinderabschaltung, die im C.N.R. (Consiglio Nazionale delle Ricerche, dem italienischen staatlichen Forschungsrat) im Rahmen eines von Alfa vorangetriebenen Energiesparprojektes entwickelt wurde. Der SVAR (Synthesis Vehicle Alfa Romeo, auf den weiteren drei Fotos) ist hingegen mehr auf passive Sicherheit hin optimiert: Außer Verstärkungen der Karosseriestruktur selbst weist er einen Seitenaufprallschutz in den Türen auf. Radaufhängungen und Bremsanlage nehmen die Konstruktion des Alfa 33 vorweg.

Alfa Romeo Giulietta „Folk“, Carrozzeria Moretti, 1978

In Italien haftete dem Kombi noch immer der Geruch des Arbeitstier an, als anderswo schon viele die Vorteile auch für die Nutzung als Privatwagen schätzten. Eine Giardinetta mit Mittelklassemotorisierung wäre schon ziemlich attraktiv gewesen. Moretti dachte bei seinem Kombi auch im Detail praktisch, ließ die Heckklappe mit dem Laderaumboden abschließen und konstruierte ein drittes Seitenfenster, das sich öffnen ließ.

Alfa Romeo Alfa 6, 1980

Ein Wagen der ersten und einer der zweiten Serie (im Foto) wurden als Löschfahrzeuge für die Versuchsstrecke in Balocco aufgebaut.

Alfa Romeo AR 146

1981 erhielt der *ingegner* Magnaghi den Auftrag, einen Geländewagen zu entwickeln, der sowohl für zivile als auch für militärische Zwecke produziert werden sollte. Das Ergebnis war das Modell 146 mit etwa 1000 kg Nutzlast, das es mit zwei Radständen gab: 235 und 275 cm. Es hat ein separates tragendes Fahrgestell mit aufgeschraubter Karosserie, Hinterradantrieb mit zuschaltbarem Frontantrieb, ein Fünfganggetriebe mit zuschaltbarer Geländereduzierung, und das Leergewicht fahrbereit lag bei 1750 kg. Die maximale Steigfähigkeit betrug 60 %. Das Fahrwerk: Starrachsen mit Blattfederung, Servolenkung sowie Scheibenbremsen vorn und Trommeln hinten. Der Prototyp der zivilen Version im oberen Bild basiert erkennbar auf dem „Torpedo"-Aufbau der Militärversion.
Fünf Motorisierungen auf Basis der Pkw-Motoren waren vorgesehen:

zwei Vierzylinder-Diesel von VM mit 2400 cm^3 (ein Sauger, ein Turbo) und drei Saug-Benziner, zwei davon mit 2000 cm^3 (ein Reihenvierzylinder, ein V6) und ein V6 mit 3000 cm^3. Der restliche Antriebsstrang stammt von der Firma Oto-Melara, die wie Alfa Romeo selbst zur Staatsholding Finmeccanica gehört.

Alfa Romeo AR 148

1984 wurde auf Basis der Mechanik des Alfa 33 4x4 ein kleiner Geländewagen aufgebaut, der 148. Auch er hat einen tragenden Rahmen mit aufgeschraubter Karosserie, der vielseitige Anpassungen zulässt, etwa die Möglichkeit zur Befestigung von Waffen wie leichten Kanonen oder Maschinengewehren. Der Wagen war nur mit einer Radstandsversion von 210 cm geplant mit einer Gesamtlänge von kaum 350 cm, er hat Vorderradantrieb mit zuschaltbarem Allrad und ein Fünfganggetriebe ohne Geländereduzierung. Die Vorderachsaufhängung ist vom Typ McPherson, die Hinterachse starr. Das Leergewicht fahrbereit beträgt 970 kg, die Zuladung 430 kg, die Steigfähigkeit maximal 60%. Als einzige Motorisierung ist der Vierzylinder-Boxer mit 1500 cm^3 vorgesehen.

Nach ihrem Schöpfer trugen die beiden Geländewagen-Prototypen bei

Alfa intern die Spitznamen Magnaghina (der kleine 148) und Magnagona (der große 146). 1985 wurden sie in der Nähe von Rom der Armeeführung vorgestellt, mit Guido Moroni am Steuer, demselben Testfahrer, der 35 Jahre zuvor die Vorführung des Matta vorgenommen hatte. 1986 kündigte eine Pressemitteilung die mögliche Produktion des 148 in einem Joint Venture mit Nissan im Werk Pratola Serra an, sobald dort die Produktion des Arna eingestellt werde. Als ruchbar wurde, dass Alfa Romeo verkauft werden sollte, wurde das Projekt gestoppt. Der 148 kam ins Alfa-Werksmuseum, wo der 146 bereits seinen Platz hatte, und wo beide noch heute stehen. Auf dieser Seite ist die Zivilversion zu sehen, die vom Magnaghina abgeleitet wurde, auf der folgenden Seite ein Vorschlag für einen SUV. Auch diese Projekte wurden nicht weiterverfolgt.

Alfa Romeo 33 „Free Time“, Carrozzeria Zagato, 1984

Auf dem Genfer Automobilsalon 1984 konnte man außer dem bereits gezeigten Alfetta SW Zagato ein besonderes Fahrzeug bewundern, das eine Mischung aus einem kurzen Kombi, einer zweitürigen Limousine mit drei Seitenfenstern und einem modernen SUV war. Dieses Auto war der Alfa 33 „Free Time“, ein von Alfa Romeo in Auftrag gegebener Prototyp für einen Wagen, der wohl den japanischen Konkurrenten ein paar Marktanteile hätte abjagen sollen.

Er basierte auf der Bodengruppe des 33 mit den gleichen Abmessungen und hatte den 1500-cm^3-Motor. Dank einer besonderen Innenraumlösung mit falt- und verschiebbaren Einzelsitzen konnte er bis zu sechs Personen aufnehmen. Der Wagen wurde von der Firma ZID (Zagato Industrial Design) entworfen, einer Firma, an der Zagato beteiligt war.

Alfa Romeo 90, Carrozzeria Marazzi, 1984

Nach der Entwicklungsphase mit dem Alfetta SW und dem Produktionsende der Alfetta Berlina wandte sich *AutoCapital* einem konkreteren Projekt zu: dem Alfa 90. Entworfen von Marazzis Designer Mario Mauri und Luca Grandori, entstand der 90 SW auf Basis des 2000-Vierzylinder-Einspritzers, hätte aber jede Motorisierung haben können. Bei Verwendung des Original-Dachpfostens, was unbestreitbar Vorteile in der Produktion gehabt hätte, wären die Fahrzeugseite schwerfällig und die Verglasung sehr viel kleiner ausgefallen, mehr noch als es bereits beim Alfetta-Umbau der Fall gewesen war. Deshalb entschloss man sich zu einer radikaleren Modifikation und konstruierte einen neuen Türrahmen. Sowohl die Alfetta als auch der Alfa 90 sind erhalten.

Alfa Romeo 75 „CEA“

Nach den famosen 2600 stattete die CEA noch einmal ein Alfa-Modell aus, auf Basis des Dreiliters. Die Modifikationen waren begrenzt: Einem starken Überrollkäfig musste der Rücksitz weichen.

CEA
CEA estintori
BO G31745
20

Alfa Romeo 75, Carrozzeria Rayton Fissore, 1986

Der große Erfolg des 33 Giardinetta überzeugte Alfa, einen sportlichen Kombi mit hohen Fahrleistungen herauszubringen, den Alfa 75 „Sport-Wagon“. Der Absicht entsprach die angepeilte Motorenauswahl, die sämtlich leistungsstark war: Vierzylinder mit 2 Litern, Sechszylinder mit 2,5 Litern, Turbodiesel mit 2,4 Litern, dazu den „Turbowagon“ mit dem 1,8-Liter-Turbo-Benziner und 155 PS. Der auf dem Genfer Salon 1986 ausgestellte Prototyp entstand in Zusammenarbeit mit Rayton Fissore, die aus Kostengründen so wenig Änderungen vornahmen wie möglich. Aber wieder einmal wurde nichts aus dem Plan eines in Großserie gebauten Super-Kombis mit starkem Motor, es entstanden nur sieben Exemplare, von denen drei erhalten sind.

Kapitel 2 – Nutzfahrzeuge

Leichte LKW und Transporter

Alfa Romeo galten lange Zeit als die beste Verbindung von Sportlichkeit und Eleganz, aber es gab eine Ära, in der außer „echten Alfa“ auch echte Nutzfahrzeuge dort entstanden, von den Lastwagen seit der Vorkriegszeit bis zu den Typen Romeo und F12, denen oft zuwenig Beachtung geschenkt wurde. Dabei waren sie besonders in den Fuhrparks der italienischen öffentlichen Hand allgegenwärtig, die *Casa del Portello* war schließlich jahrelang in Staatsbesitz. Romeo und F12 liefen fast 30 Jahre lang vom Band, von 1954 bis 1983, in beinahe 40.000 Exemplaren: 21.722 Romeo (1954-56) – auf den ersten entfielen wenig mehr als 3000 – und Romeo 2° (1956-1967) sowie mindestens 15.000 der folgenden Generation (1967-1983).
Ebenso wenig bekannt ist der Herstellungsort: Pomigliano wird stets mit der Einführung des Alfasud Anfang der 70er in Verbindung gebracht, aber die Firma hatte dort schon vor dem Zweiten Weltkrieg Lastwagen gebaut. Die Transporter der Nachkriegsära verdienen darüber hinaus allen Respekt: Technisch innovativ, mit Frontantrieb für einen niedrigen Laderaumboden, hatten sie den exzellenten Doppelnockenwellenmotor aus der Giulietta, für längere Haltbarkeit auf 37 PS gedrosselt, und auch die Stückzahl macht die Typen historisch bedeutsam für die Marke – nur werden sie halt gern verschwiegen, um das sportliche Markenimage nicht zu beschädigen. Seit der Vorstellung des Romeo gab es überdies eine – freilich nicht ganz problemlose – Dieselversion. Der Zweizylinder-Zweitakter hatte 1158 cm^3 und leistete dank Kompressoraufladung 31 PS. Romeo, der Zweite, kam 1956 mit einigen leichten Änderungen zur Welt, äußerlich nur am Schriftzug „Romeo 2°“ am Bug zu erkennen.
1967 wird das Design der Kabine verändert: Der neue Bug ist flach und ohne Kühlerschnauze und trägt statt des Scudetto der Giulietta das modernere der Giulia. Deren 1290-cm^3-Motor leistet im Transporter 52 PS und ist anfangs die einzige Motorisierung. Der Diesel war ein paar Jahre zuvor im Romeo 2° entfallen. Erst 1973 sollte es wieder einen geben, diesmal einen Perkins-Viertakter mit vier Zylindern, 1760 cm^3 und 50 PS, der auf einigen Märkten später auch in der Giulia-Limousine angeboten wurde.

Die neue Baureihe heißt „F12“ und „A12“, F für „furgone“ (Kastenwagen), A für „autocarro“ (Leicht-Lkw) und 12 für die Nutzlast in Doppelzentnern, also rund 1200 kg. Daneben gibt es auch „F11“ und „A11“, die einfach nur abgelastet sind, um die Zufahrtsbeschränkungen einzelner Innenstädte zu umgehen. Deren Motoren sind auf 47 PS gedrosselt, und sie verschwinden wegen schwacher Verkaufszahlen schon 1971. Letzte, wenig gelungene Änderungen erfährt das Modell 1977, als der Chromgrill durch einen schwarzen aus Plastik ersetzt wird, der zusammen mit einer verstärkten und ebenfalls schwarzen Stoßstange den Wagen deutlich schwerfälliger aussehen lässt.
Wenn schon die italienische Alfa-Transporterproduktion gern übersehen wird, so ist die spanische noch weniger bekannt: Ende der 50er Jahre wurden in der Tat Alfa-Romeo-Transporter in Lizenz von der Firma Fadisa (Fabricacion de Automoviles Diesel SA) gebaut. Deren kurioses Markenzeichen sah aus wie ein verfremdetes Alfa-Logo: die Mailänder Schlange war durch einen lokalen Turm ersetzt und das rote Kreuz der Visconti war zu einem „f“ für Fadisa verändert. Eine ähnliche Veränderung des Logos nahm in Brasilien FNM vor. Fadisa war zur Lizenzfertigung der Alfa-Transporter 1956 in Madrid gegründet worden, in Avila wurde das Werk gebaut. Es stellte 1959 die ersten Fahrzeuge her, die mit unterschiedlichen Aufbauten und wie die italienischen Ausführungen als Benziner und als Diesel angeboten wurden. Ab 1962 gab es auch einen in Spanien produzierten Perkins-Viertaktdiesel.
1965 wurde ein Zweigwerk in Kolumbien gegründet, wo Autos mit US-Motoren gebaut werden sollten. Der Plan ging schief, und Fadisa wurde 1967 von Motor Ibérica aufgekauft, die seit 1956 in Lizenz den Ford-Transporter Thames bauten.
In England war der Thames nach dem zweitlängsten Fluss des Landes benannt, und so nannten die Spanier ihre Lizenzversion nach dem zweitlängsten Fluss der iberischen Halbinsel, dem Ebro. Der Alfa F12 erhielt in Spanien die Bezeichnung „F100 Ebro“. Es gab ihn in den frühen 70ern nur mit Perkins-Diesel. Er trug kein Scudetto, hatte rechteckige Scheinwerfer und ein anderes Armaturenbrett. Nachdem Ende der 80er Jahre

Motor Ibérica von Nissan gekauft worden war, wurde das Modell in Trade umbenannt und mit einigen Änderungen in Avila bis 2002 gebaut, als es von einem neuen Modell auf Renault-Basis ersetzt wurde.
Es sollte nicht unerwähnt bleiben, dass Alfa im Ausland recht präsent war. Neben den erwähnten spanischen Fadisa und den bekannteren brasilianischen FNM wurden in den 70er Jahren Alfa-Romeo-Modelle unter Lizenz gebaut: in Thailand Alfasud Berlina, Alfetta 2000 und Giulietta 1.6, zusammen etwa 700 Autos jährlich; in Malaysia Alfasud Berlina und Alfetta 2000, zusammen etwa 1000 Autos jährlich, und in Uruguay 800 Alfasud Berlina im Jahr. In Südafrika besaß Alfa selbst einige Werke für den Bau von Rechtslenkern. Es entstanden Alfasud Berlina und Sprint, Alfetta 2000 und Alfetta GTV 2000 sowie 200 Stück Alfetta GTV 3.0 V6 (ausschließlich in Südafrika produziert) und die Giulietta 1.8.
Den gesetzlichen Vorschriften des Landes folgend, kamen 60 Prozent der mechanischen Komponenten direkt aus lokaler Fertigung. Die Fertigungskapazität der südafrikanischen Werke war mit 10.000 Autos jährlich beachtlich.

Alfa Romeo Romeo

Dieses Werbefahrzeug für Lambretta, das möglicherweise auch als Transport- und Auslieferungsfahrzeug gedient haben mag, ist komplett umgebaut. Am Bug veränderte Boneschi die klassische Romeo-Kühlermaske und versenkte die Scheinwerfer. Die Glasflächen an den Seiten und die Windschutzscheibe wurden vergrößert, die Scheibenwischer sind in der Relation so klein, dass der Wagen bei Regen kaum zu gebrauchen sein dürfte. Sehr auffällig die Linienführung der hinteren Dachpfosten und des Daches.

Alfa Romeo Romeo

Ein sehr ähnlicher Entwurf wie der vorhergehende, aber mit einem Hochdach im typischen Boneschi-Stil. Der Lautsprecher und die großen Glasflächen sind typisch für Werbefahrzeuge.

BONESCHI
BA · 5
0002

Alfa Romeo Romeo 2°

Die beiden oberen Bilder zeigen einen an der Vorderseite sehr überladen wirkenden Entwurf. Das überkragende Dach ist sehr auffällig, ebenso wie der enorme hintere Überhang mit den winzigen Stoßstangen. Da die Scheinwerfer vom 2000/2600 Spider stammen, ist es wohl ein Romeo 2°.

Alfa Romeo Romeo

Auf den beiden unteren Bildern Beispiele für Werbefahrzeuge mit großen Schaufenstern. Das linke, von der Carrozzeria Rolfo für den Süßwarenhersteller Ferrero gebaut, hat seitlich und hinten große Glasflächen erhalten, um die Ausstellungsfläche zu vergrößern; bemerkenswert ist auch die Art der Dacherhöhung. Die rollende Buchhandlung rechts hat auch ohne viele Änderungen im Blech eine ordentlich vergrößerte Vitrine bekommen.

Alfa Romeo Romeo

Dieser für Grundig aufgebaute Werbeträger weist ungewöhnliche gerundete Fensterausschnitte auf. Oft wurden Werbefahrzeuge aufgewertet, indem man Radkappen im Stil von Drahtspeichenrädern mit zentraler Flügelmutter montierte – mit nicht wirklich ästhetisch überzeugendem Ergebnis.

Die übrigen drei Bilder zeigen Werbefahrzeuge für Nähmaschinenhersteller: einen Romeo von Boneschi für Singer, einen Romeo 2° von Bonfanti für Pfaff und einen Romeo 2° von Boneschi, der 1957 für Necchi entstand. Bei letzterem Fahrzeug sind die große Seitentüre und das Hochdach gut zu erkennen, die für Boneschi typisch sind.

Alfa Romeo Romeo

Das erste von drei Fahrzeugen der Carrozzeria Introzzi für die Viehfutter-Handelsfirma Arsol: vielleicht der ausgefallenste Umbau oder besser Aufbau, denn vom urprünglichen Design ist kaum etwas übrig. Charakteristisch sind die ganz runde Front, das eindrucksvoll vorkragende Hochdach, die wenigen Dachpfosten und die riesigen seitlichen Fenster sowie das sehr auffällige Farbschema der Lackierung.

ESCLUSIVISTI
CONSORZI AGRARI PROVINCIALI
GRUPPO FEDERCONSORZI
ARSOL FIRENZE
ZOOTECNIA
GLI INTEGRATIVI
PER L'ALIMENTAZIONE DEL BESTIAME
ARSOL
77407
M

Alfa Romeo Romeo

Dieser Aufbau ist etwa weniger aufwändig als der vorhergehende, hat nun eckigere Formen und eine sehr imposante Front. Das Farbschema lässt den Aufbau insgesamt etwas leichter erscheinen und betont zugleich den Schwung der Heckflossen.

Alfa Romeo Romeo

Das letzte der drei Fahrzeuge für Arsol ist auffallend sachlicher und hat ebenfalls große Glasflächen.
Unten ein ebenfalls von Introzzi stammender Romeo 2°, 1958 als mobiler Ausstellungsraum für Möbel aufgebaut. Die Front wurde völlig neu gestaltet, wenn auch nicht sehr überzeugend, indem die Scheinwerfer tief versenkt wurden; das ungewöhnlich gewölbte Hochdach ist von einer auffälligen, in Heckflossen auslaufenden Verkleidung umgeben (siehe auch Foto nächste Seite), deren Form die der Heckleuchten und der hinteren Kotflügelenden aufnimmt. Merkwürdig wirkt der Kontrast zwischen einigen überladen wirkenden Details wie der Front und den Radkappen, und der Leichtigkeit der enormen Glasflächen, die besonders in der Heckansicht das Dach scheinbar zum Schweben bringen.

galleria mobili d'arte
gm
a
CO·6
2923

Alfa Romeo Romeo

Zwei weitere fahrende Werbevitrinen von Introzzi: Die erste mit Hochdach trägt kein Scudetto am Bug. Präsentiert werden Wagen und Aufschnittmaschinen der Firma Omega. Der untere Wagen dient zur Präsentation von Stoffen.

Alfa Romeo Romeo

Der Vergleich dieser beiden Fahrzeuge, von denen der erste gegenüber der Serienversion kaum verändert ist, zeigt die Steigerung der Werbewirkung durch große seitliche Fenster. Der obere Romeo, von Vitali karossiert, ist ein rollendes Schaufenster für Ersatzteile wie Scheinwerfer, Bemsbacken, Ketten, Zündkerzen, Dichtungen und Ventile.

Alfa Romeo Romeo

Zwei weitere besondere Ausstellungsfahrzeuge: Der erste, vom Hausgerätehersteller Ignis selbst umgebaut, war im Großen und Ganzen wenig geändert, trug aber die Fronten etwa von Eisschrank und Herd eingelassen in die Seitenwand. Beim zweiten, den die Carrozzeria Fagioli umbaute, war das Ergebnis fast dasselbe, nur dass noch ein Hochdach mit den klassischen Lautsprechern zum Herbeirufen der potenziellen Kundschaft hinzukam.

Alfa Romeo Romeo

Dieses Ausstellungsfahrzeug von der Carrozzeria Bonfanti zeigt ebenfalls weiße Ware, allerdings auf konventionellere Art im Inneren des Transporters. Unten ein Romeo mit Introzzi-Aufbau. Er ähnelt dem vorigen. Es erweist sich aber, dass die Entfernung des Alfa-Scudetto die Front etwas verdirbt. In manchen Fällen wurden das Scudetto und der Schriftzug „ROMEO“ zugunsten der jeweils angepriesenen Marke entfernt.

Alfa Romeo Romeo

Ein Verkaufswagen der Carrozzeria Nardo. Sehr nett sind die drei kleinen Seitenfenster und das eigenwillige Hochdach.

Alfa Romeo Romeo

Zwei Beipiele für Verkaufswagen: Der erste stammt von der Carrozzeria Fagioli und ist mehr für die Ausstellung im Außenbereich optimiert, der zweite wurde von Introzzi gebaut und bietet mit seinem Hochdach bequem Platz für einen Verkäufer, der aus dem Wagen heraus die Kundschaft bedient.

Alfa Romeo Romeo

Das nach hinten abfallende Hochdach im ersten Bild ist mit den beiden eingelassenen Lautsprechern typisch für die Werbefahrzeuge von Angelo Orlandi. Hochdächer dienen üblicherweise der Vergrößerung und der Beleuchtung des Innenraums durch weitere Fenster, beim Kastenwagen von Boneschi für Wyler Vetta aber nur zur Vergrößerung der Werbefläche.

Unten ein Romeo 2° von 1961 mit einem extravoluminösen Aufbau von den Stabilimenti San Giorgio sowie ein Romeo 2° von 1965 der Carrozzeria Campana Onorio. Die Laderaumwände sind glatte Flächen, und für die Front gab es eindrucksvolle Doppelscheinwerfer.

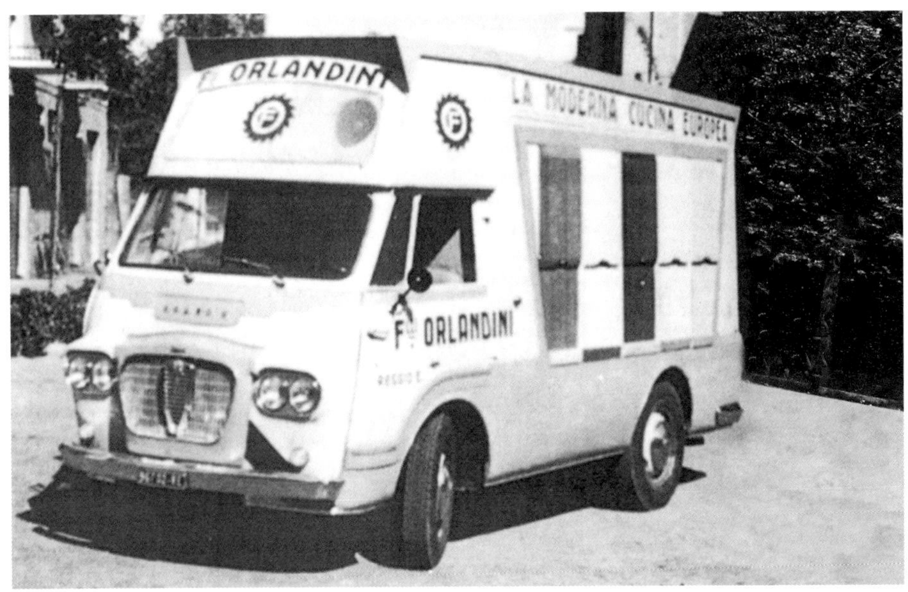

Alfa Romeo Romeo 2°

Eine Zeitlang beschränkte man sich nicht auf die grafische Darstellung der Produkte auf dem Blech, sondern stellte große Modelle aufs Dach. Dieses Arrangement stammt von Bonfanti.

Alfa Romeo Romeo

Als das Fernsehen noch nicht massenhaft verbreitet war, dienten Werbewagen wie dieser aus der Carrozzeria Boneschi als Medium mit ordentlicher Reichweite.
Der Romeo der Carrozzeria Boneschi unten trägt zwei Flossen auf dem Dach, die die Werbefläche vergrößern.

Alfa Romeo Romeo

Die heitere Dekoration dieses hübschen Aufbaus von Boneschi sieht mehr nach Unterhaltung als nach Arbeit aus. Hier geht es um Tierfutter.

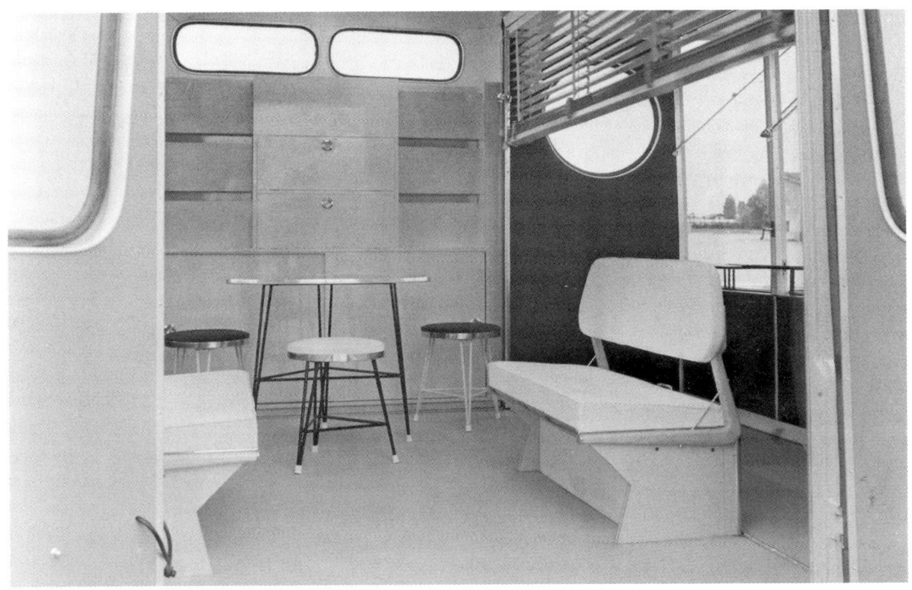

Alfa Romeo Romeo

Von diesem Modell baute Boneschi mehrere Exemplare, von denen ein weiteres mit geradem Hochdach im Hintergrund zu sehen ist. Das erste Fahrzeug hat wegen der seitlich hervorstehenden großen Flaschen einen kleinen seitlichen Peilstab vor der Windschutzscheibe, der den Fahrer an die Breite über alles erinnert.

Unten zwei Romeo, die von Grazia als Eisverkaufswagen aufgebaut wurden, einer mit normalem und einer mit Hochdach. Ein Romeo-2°-Eiswagen, ebenfalls von Grazia, zierte den Alfa Romeo-Stand auf dem Turiner Salon für Nutzfahrzeuge 1969.

Alfa Romeo Romeo

Ein Werbefahrzeug für Rinder- und Schweinefutter. Auch bei diesem Wagen sind Peilstäbe für den Fahrer nötig, weil die Aufbauten seitlich so weit auskragen.

Alfa Romeo Romeo 2°

Ein Wohnmobil von Introzzi: Das Dach ist besonders erhöht, um den Wohnraum zu vergrößern, die Scheinwerfer sind mit einem Schutzgitter versehen, am Heck sind ein Kanister, ein Spaten und zwei Trittstufen zum Erreichen der Leiter zum Dachgepäckträger zu erkennen.

Alfa Romeo Romeo

Diesen Kleinbus hat die Carrozzeria Razini mit einer herrlichen Glaskuppel versehen, die das Erreichen der Sitzplätze bequemer und den Innenraum heller macht. Unten ein Kleinbus, den die Carrozzeria Introzzi als Shuttle für Besucher des Concorso d'Eleganza di Villa d'Este ausgestattet hat, eines Schönheitswettbewerbs für Autos: Die Sitze und die üppig verzierten Radkappen entsprechen der Bedeutung des Ereignisses. Eine weitere Seitentür macht den Einstieg bequemer.

Alfa Romeo Romeo

Dieser Kleinbus von Boneschi ist vorn gegenüber dem Serien-Romeo beinahe unverändert, dafür ist der Umbau des Hecks umso umfangreicher ausgefallen: ausgeprägte Heckflossen, große Heckscheibe und ein großer Gepäckraum.

Alfa Romeo Romeo 2°

Die Carrozzeria Romanazzi war auf Stadt- und Oberleitungsbusse spezialisiert und baute fünf von diesen Bussen mit besonders weit angehobenen Dächern und sehr großzügiger Verglasung.

2
PIAZZA FERA
P. STAZIONE - C. TELESIO
PREFETTURA
E VICEVERSA
ROMEO 2
18382 - CS

Alfa Romeo Romeo

Das mobile Büro des Präsidenten und des nationalen Generalsekretariats des Vespa Club d'Italia, gebaut von Bonfanti: Das Innenraumfoto lässt gut erkennen, wie vorteilhaft ein Hochdach mit Zusatzfenstern für Raumangebot und Licht im Innenraum ist.

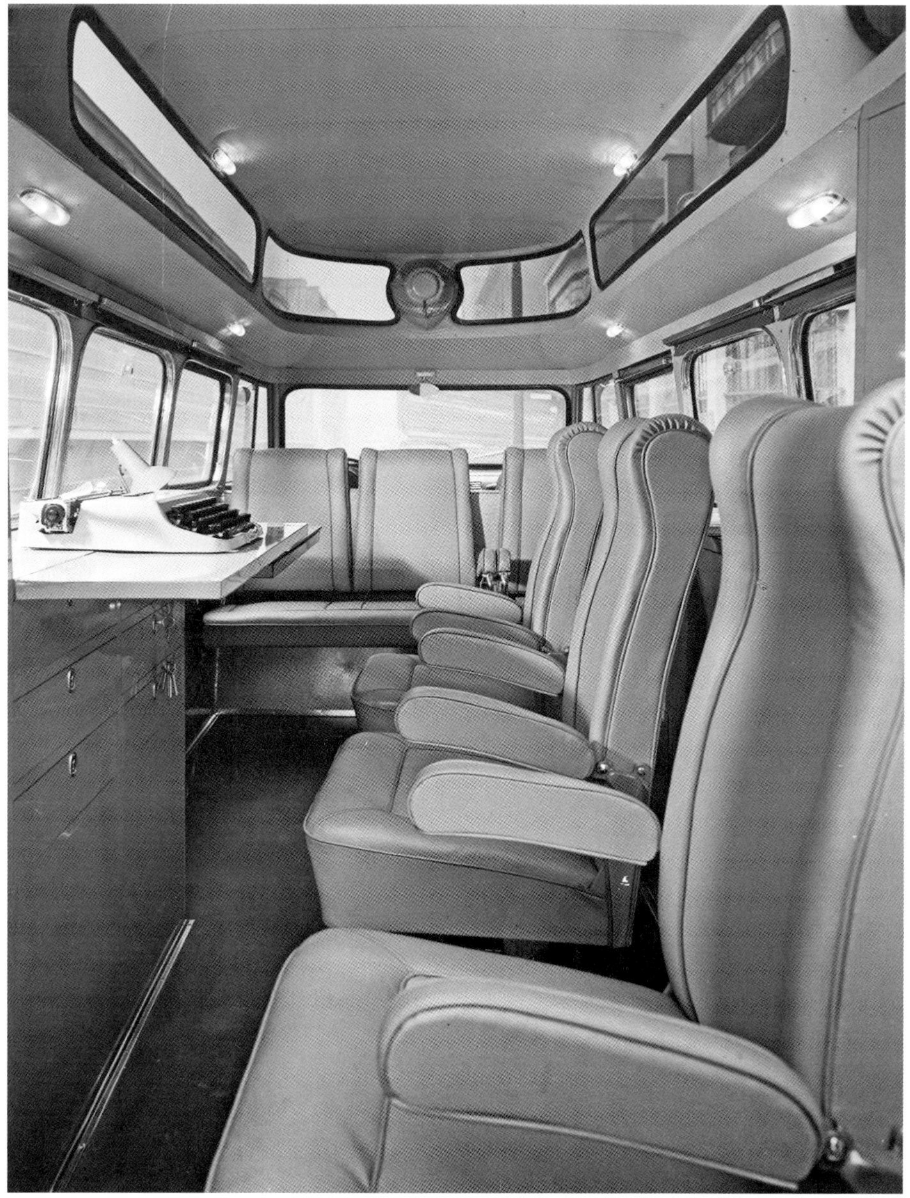

Alfa Romeo Romeo 2°

Der Transporter für Einbauküchen ist mit einem das ganze Fahrzeug umgebenden Gitterrahmen versehen, an dem sich die Plane befestigen lässt und der einen zusätzlichen Gepäckträger über dem Fahrerhaus trägt – das buchstäblich in einem Käfig sitzt.

Alfa Romeo Romeo

Zwei Aufbauten der Carrozzeria Ambrosini: der obere Wagen transportierte Fleisch, der untere lebende Tiere.

Alfa Romeo Romeo 2°

Getränketransporter: Der sehr ungewöhnliche Aufbau von Introzzi ist ein Zwischending von Hochdach-Kasten- und Pritschenwagen.
Das Bild rechts oben zeigt einen gut isolierten Kühltransporter, die beiden darunter einen von der Carrozzeria Pasino gebauten Moped-Lieferwagen.

Alfa Romeo Romeo 2°

Ein Servicewagen der AEM, des Mailänder Elektrizitätswerks

Alfa Romeo Romeo 2°

Zwei Leiterwagen mit Doppelkabine. Der Aufbau mit den seitlichen Pritschenwänden ist von der Firma Meccanica Maniero.

Alfa Romeo Romeo 2°

Ein Pritschenwagen mit abklappbaren Seitenwänden und verlängertem Radstand von der Carrozzeria Orlandi Angelo. Darunter ein Romeo für Plakatkleber und ein Romeo 2°, den Orlandi Angelo für die Straßenreinigung umbaute. Der Radstand wurde wahrscheinlich zugunsten größerer Wendigkeit in der Stadt verkürzt.

Alfa Romeo Romeo 2°

Orlandi baute auch diesen Müllwagen, der ebenfalls den kürzeren Radstand hat, um wendiger und kompakter zu sein.

Alfa Romeo Romeo 2°

Ein weiteres Beispiel für ein Stadtreinigungsfahrzeug: Das Exemplar stammt aus der Carrozzeria Orlandi Vincenzo.
Sehr kompakt dank kurzen Radstands fällt dieser Tankwagen auf der Basis des Romeo 2° aus.

Alfa Romeo Romeo 2°

Die „Assistenza"-Romeo, die fast alle von Colli aufgebaut wurden, gab es für mehrere Einsatzzwecke: für Sportfahrer-Kunden an der Rennstrecke, als Pannenhelfer auf der Autobahn oder in den Bergen an den Zufahrtsstraßen zu den beliebtesten Skiorten. Zahlreiche ausländische Filialen und Importeure waren damit ausgestattet. Die Wagen hatten alle Werkzeuge an Bord, die für die gebräuchlichsten und schnell zu erledigenden Reparaturen nötig waren. Doch auch aufwändigere Arbeiten waren möglich, mitunter waren Austauschaggregate wie Motoren, Getriebe und Hinterachsgetriebe dabei.

Alfa Romeo Romeo 2°

Wenn die „Assistenza" nicht ausreicht … steht der Abschleppwagen bereit.
Unten ist ein Abschleppwagen für die deutsche Alfa-Romeo-Zentrale in Frankfurt am Main zu sehen, daneben ein Aufbau von Orlandi Vincenzo für den Fahrzeugtransport. Der Schriftzug „ROMEO" und das Alfa-Scudetto fehlen. Der Laderaum ließ sich wohl auch mit Planen verhüllen.

Alfa Romeo Romeo

Diese fahrbare Kinderarztpraxis diente der Gesundheitsvorsorge und der Aufklärung für Säuglingsgesundheit. Ein mitfahrender Kinderarzt untersuchte Kinder und gab den Eltern Gelegenheit, ihre Kenntnisse zu verbessern. Der Aufbau stammt von der Carrozzeria Varesina. Darunter ein Kinder-Ambulanzwagen mit einem Quarantäneabteil für Infektionskranke.

Alfa Romeo Romeo

Diese beiden verglasten Kastenwagen waren für den italienischen Blutspenderverband A.V.I.S. *(Associazione Volontari Italiani del Sangue)* unterwegs.

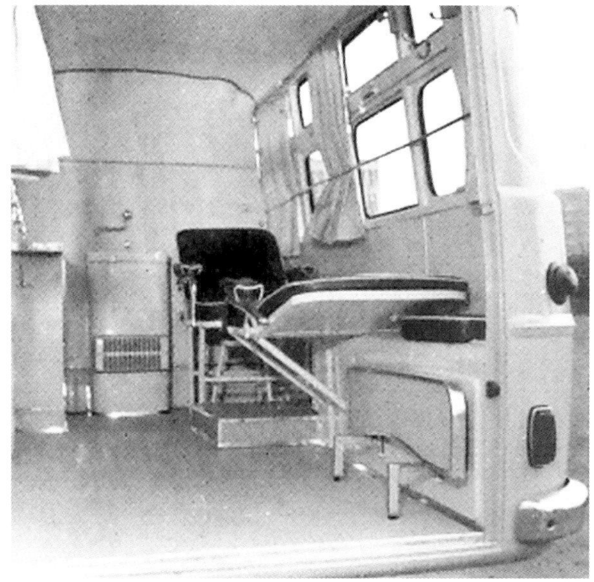

Alfa Romeo Romeo 2°

Die sogenannten *autoemoteche,* wörtlich „Auto-Blutbanken“, dienten nicht der Ersten Hilfe, sondern dem Sammeln von Blutspenden, und sollten mit ihrem Aussehen potenzielle Spender anlocken. Insoweit haben sie Gemeinsamkeiten mit Werbefahrzeugen: zwei Lautsprecher etwa und eine auffällige Lackierung. Kaum überraschend, dass das Fahrzeug von Boneschi kommt, einer Firma, die sowohl Krankenwagen als auch Werbefahrzeuge baute, und die wusste, worauf es dabei ankam.

Alfa Romeo Romeo

Gegenüber dem lächerlichen Raumangebot der ersten Krankenwagen auf der Basis von Kombis bot der Romeo als Kastenwagen deutlich mehr Platz. Der Innenraum völlig ohne medizinische Ausrüstung verdeutlicht allerdings, dass es sich um ein einfaches Transportfahrzeug und nicht um einen Rettungswagen zur Notversorgung handelte. Nach Änderungen der Straßenverkehrsgesetze 1959 wurden die blaue Rundumleuchte und das auflackierte rote Kreuz statt „Polyphems Auge", dem bis dahin üblichen Krankenwagenlicht, und der Sirene neben dem rechten Scheinwerfer eingeführt. Hauptsächlich baute Colli diese Fahrzeuge. Das hier stammt von Sicca: Das Hochdach verschaffte den Helfern viel mehr Bewegungsfreiheit, wie der Vergleich der Innenraumbilder zwischen den beiden Fahrzeugen zeigt.

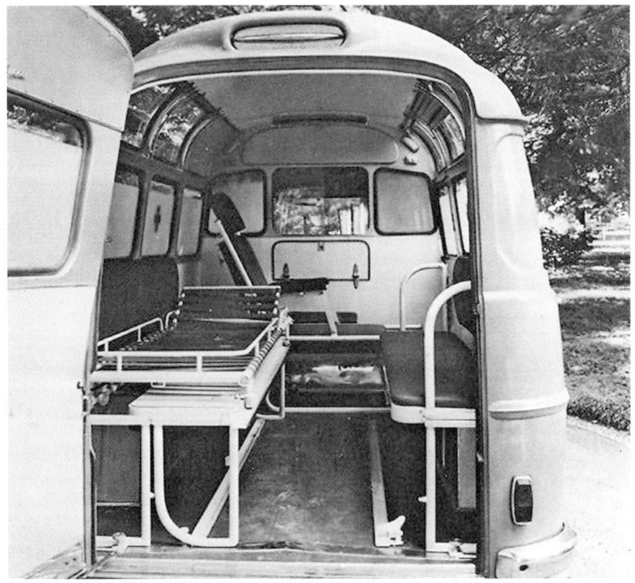

Alfa Romeo Romeo

Dieser für einen Alfa-Händler in Addis Abeba umgebaute verglaste Romeo Kastenwagen wurde von Ambrosini als Leichenwagen umgebaut. Der Romeo-2°-Bestatterwagen von Introzzi darunter hat besonders große Glasflächen.

Alfa Romeo Romeo 2°

Vier Exemplare des spanischen Lizenznehmers Fadisa: ein üppig verglaster Hochdach-Kastenwagen, ein Neunsitzer mit offener Seitenwand, ein Kleinbus mit 13 Sitzen und deutlicher Dacherhöhung sowie ein Alfa Romeo F100 Ebro, bei dem Dach und Seitenwände des Laderaums entfernt wurden, während die Rückwand stehen blieb.

Alfa Romeo F12-A12

Eine Reihe von F12 wurde als Schulbus eingerichtet und vom Schulträger der Stadt Savona gekauft.
Das Bild rechts oben zeigt einen Kastenaufbau, der die Grundfläche des A12 maximal ausnutzt.

Darunter ein 1980 von Ansaldo umgebauter F12: Es ist ein Versuchsfahrzeug mit Hybridantrieb. Ein kleiner Verbrennungsmotor versorgt über einen Generator und einen Batteriesatz einen elektrischen Antriebsmotor. Daher der Name „F12E" („Elettrico").

Alfa Romeo A12

Ein Pferdetransporter

Alfa Romeo F12-A12

Der Pritschenwagen mit Doppelkabine und abklapparen Seitenwänden ist seltsamerweise als F12 und nicht als A12 gekennzeichnet.
Der unten abgebildete Pritschenwagen ist zweifellos ein A12 und hat eine besonders breite Ladefläche.

Alfa Romeo A12

Leiterwagen waren üblicherweise so aufgebaut: Auf einem Gerüst aus Stahlträgern saß ein um 360° drehbarer Sockel mit einer in drei (bei Gesamtlänge 12 m) oder vier (13 m) Segmente geteilten ausziehbaren Leiter, ganz aus Stahl oder aus Holz mit Stahlrohrbeschlägen, die voll ausgezogen in einem Neigungswinkel zwischen 65° und 76° eingesetzt werden kann. Unter und auf dem Fahrgestell sind Behälter für Werkzeuge untergebracht, außerdem Einrichtungen zur Bedienung und Überwachung der Leiter.

Die Leiter wurde per Hydraulikstempel ausgefahren. Es gab Ausführungen für Handpumpbetrieb und für den mit Motorkraft, die am Getriebe abgenommen wurde. Bedienhebel und Warnlampe saßen im Fahrerhaus.

Die unteren Bilder zeigen eine extra leicht bauende Ausführung von Maniero.

Alfa Romeo A12

Anlässlich des 43. Grand Prix von Italien verteilte der Automobile Club di Milano entlang der Strecke des Autodromo nazionale in Monza acht Löschfahrzeuge, die von Urepchimec ausgerüstet waren. Diese Fahrzeuge verfügten über je eine Löschkanone, die Wasser und Löschschaum 40 Meter weit sprühen und so auch aus der Entfernung und in Fahrt löschen konnte. Von den acht Fahrzeugen war eines mit einer direkt vom Motor angetriebenen Hochdruckpumpe ausgerüstet, während der Arbeitsdruck der anderen aus einer Batterie von Stickstoff-Gasflaschen kam.

Alfa Romeo F12 „Life Car“

Zu einer wahren Neukonzeption der Krankenwagen kam es Anfang der 70er Jahre. Boneschi war einer der Vorreiter beim Einbau von Medizintechnik, mit der die Krankentransportwagen zu echten Rettungswagen wurden. Unter dem Hochdach wurden elektrische Atemgeräte, Operationsbesteck für Luftröhrenschnitte und Apparate zur Intubierung, Handbeatmungsgerät, EKG, Defibrillator, Anäesthesiegerät, Amputationsbesteck und Nähmaterial mitgeführt.

Alfa Romeo A12

Auf der nebenstehenden Seite: Die Aufbauten der mobilen Reanimationszentren für die Region Emilia Romagna schuf die Carrozzeria Autodromo Modena.

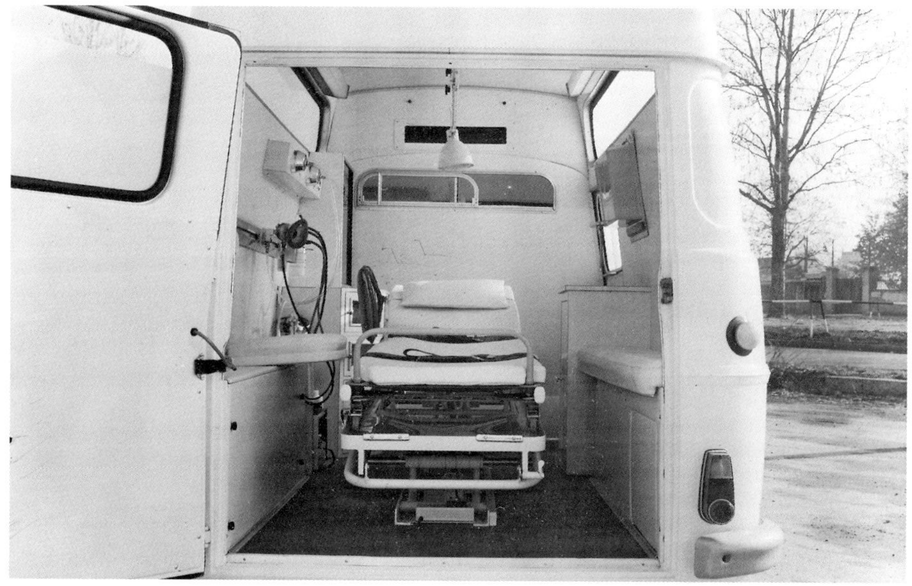

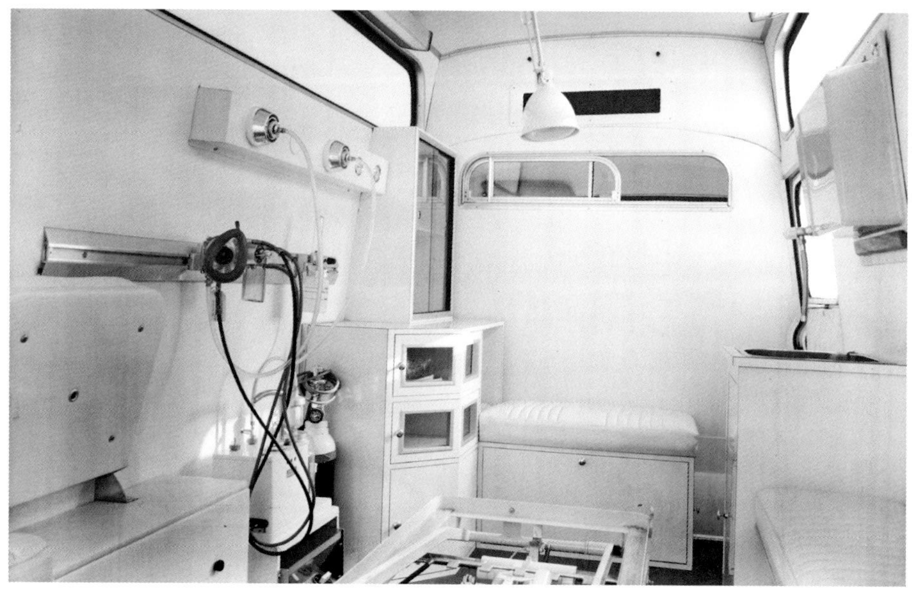

Alfa Romeo F12

Dieser Prototyp entstand in der kühnen Absicht, einen Einheits-Krankenwagen für ganz Italien zu schaffen.

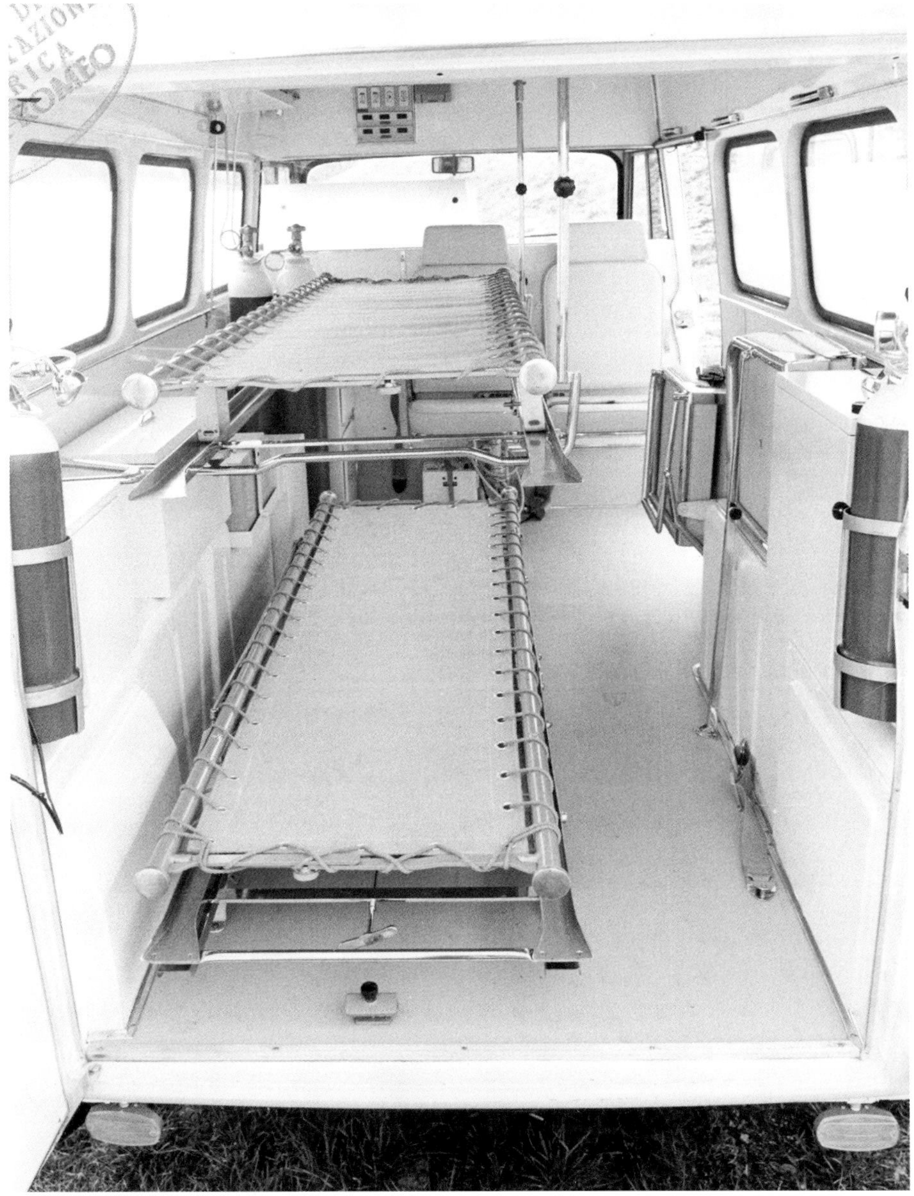

Alfa Romeo A12

Dieses Exemplar ist ein A12 mit Introzzi-Aufbau, der vom Blutspendenverband A.V.I.S. genutzt wurde. Der Umbau umfasste die Verlängerung des Radstandes durch die Carrozzeria Orlandi auf 3300 mm, einen Kastenaufbau mit Innenverkleidung, Beleuchtung, elektrische Ausrüstung mit Transformator 380/220 Volt und 220/12 Volt, elektrischem Ofen, Kühlschrank, Sauerstoffanlage, zwei Liegen, einem Erste-Hilfe-Schrank, einem Waschbecken, einer Lüftungsklappe auf dem Dach und einem Lautsprecher.

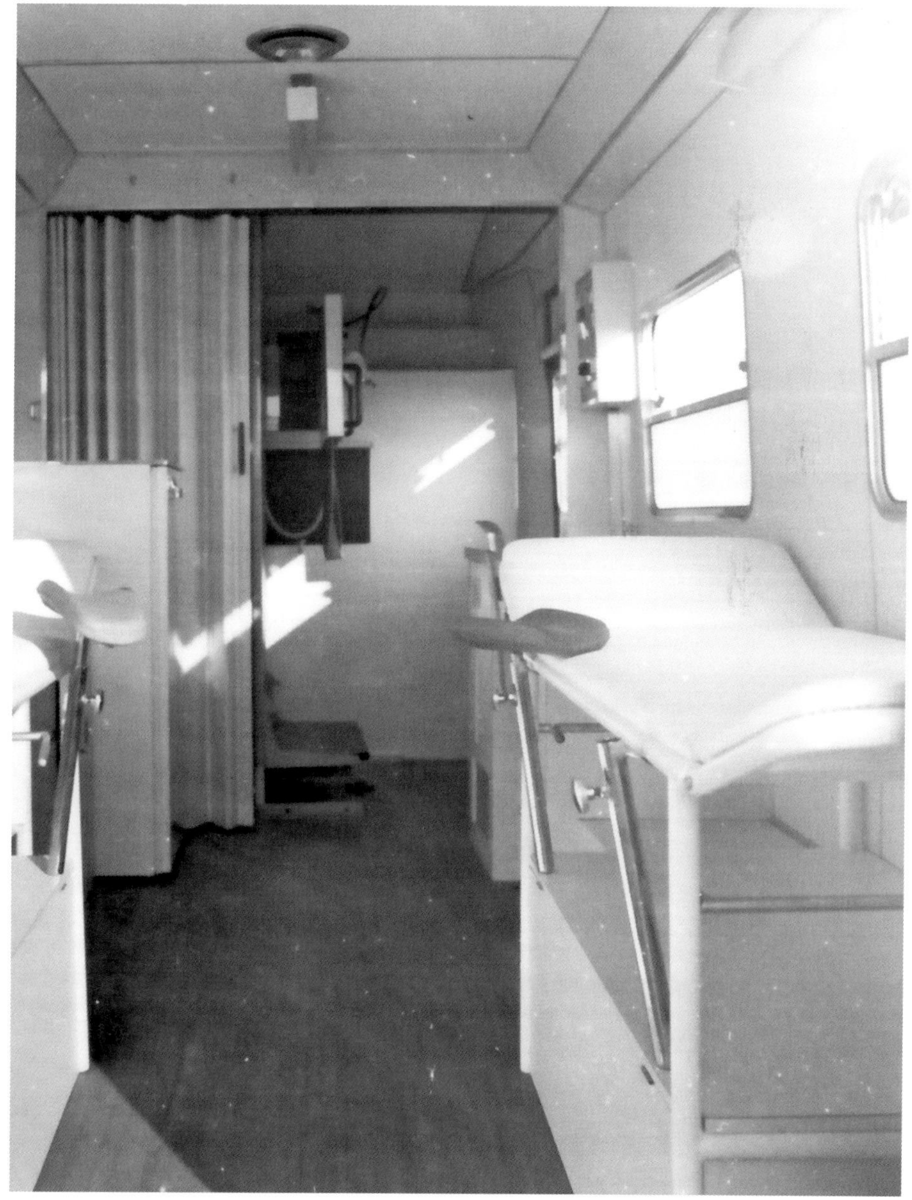

Alfa Romeo F12 „New York Taxi“

Diese Mischung aus Kleinbus und Van hat einen vom Typ F12 abgeleiteten Fahrgestellrahmen mit Längsträgern und den längs eingebauten 1290-cm³-Motor in der 60-PS-Version sowie Frontantrieb. Der Wagen wurde von Italdesign entwickelt mit dem Ziel, auf kompakter Fläche ein großes Raumangebot zu bieten. Zum bequemen Ein- und Ausstieg in der Stadt hat der Wagen auf der rechten Seite eine Schiebetüre und ausziehbare Rampen für Rollstühle. Bis zu fünf Passagiere außer dem Fahrer sitzen einander gegenüber. Die Gesamtlänge liegt knapp über vier Metern. 1976 wurde der Wagen im Museum of Modern Art in New York ausgestellt. Es blieb beim Einzelstück, aber sein innovativer Charakter wurde 2002 nochmals gewürdigt, als der Wagen unter den 32 Fahrzeugen der Ausstellung „Italian Avantgarde in Car Design“ in Manhattan war.

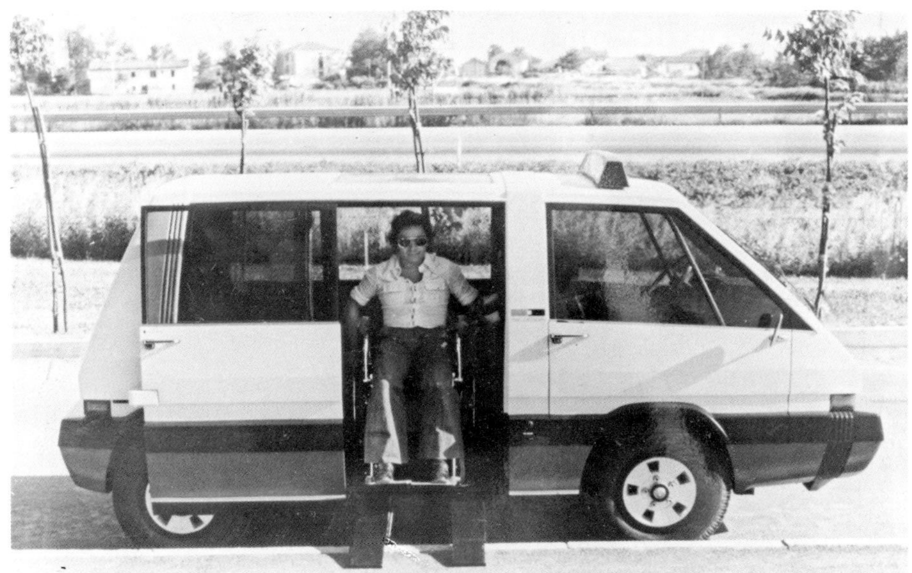

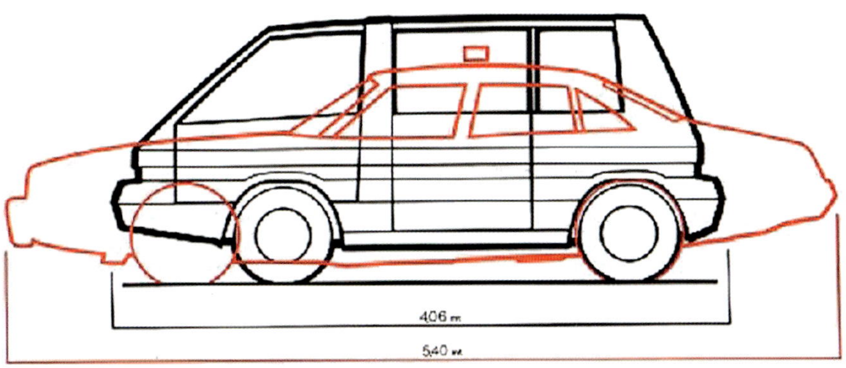

4,06 m
5,40 m

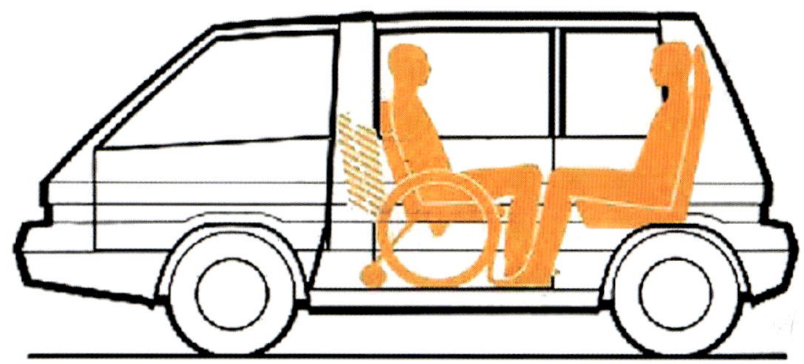

Alfa Romeo A12

Arca, einer der ersten italienischen Hersteller von Campingfahrzeugen, baute diesen wohnwagenähnlichen Aufbau direkt auf das Fahrgestell des A12.

ALFA-ROMEO
A12
116737 UD

Alfa Romeo F12.

Ein Verkaufswagen für Speiseeis

CON CON PANNA
al gelato
il sorbettiere
ALFA ROMEO
F12
338065 PV

Alfa Romeo F12

Ein Verkaufswagen für Kleidung. Die Firma Minonzio, die auf diese Fahrzeuge spezialisiert war, führte sie fast immer als reine Quader aus.

Cargo Plast
minonzio

Alfa Romeo F12

Die von Alfa Romeo als fahrende Werkstätten und als Pannenhilfsfahrzeuge des italienischen Automobilclubs A.C.I. auf Autobahnen eingesetzten Kastenwagen erhielten wegen ihrer zahlreichen Hilfseinsätze den Spitznamen „Samariter der Autobahn“. Der Automobile Club d'Italia organisierte mit Unterstützung der Autohersteller im Sommer diesen Hilfsdienst entlang der Reiserouten für italienische und ausländische Autofahrer. Alfa Romeo beteiligte sich mit F12, die entsprechend ausgestattet waren. Die Assistenza-Besatzungen waren auf den Autobahnen unterwegs und hielten Ausschau nach Havaristen. Sie erledigten alle Eingriffe, die in maximal einer halben Stunde zu schaffen waren.

War das Problem komplizierter, riefen sie über Funk den nächstgelegenen A.C.I.-Stützpunkt an, der weiteres Personal oder Teile oder den Abschleppwagen schickte. Um möglichst effizient helfen zu können, waren die Alfa-Romeo-Fahrzeuge mit einer sorgfältig zusammengestellten Ausrüstung für Diagnose und Reparatur ausgestattet: Sie wurden von hoch qualifizierten Technikern gefahren, die eine Auswahl gängiger Ersatzteile mitführten. Dieses Exemplar ist ein originales Alfa-Kundendienstfahrzeug.

Alfa Romeo F12

Dieser Leichenwagen trägt die unverwechselbare Handschrift der Carrozzeria Grazia, besonders am Heck, das dem des Ambulanzwagens auf Basis der Alfetta ähnelt.

624223 BG

Kapitel 3 – Die Carrozzieri

Allemano (1928-1965)

Serafino Allemano gründete seine „Carrozzeria Allemano" 1928 in Turin an der Via Orto Botanico. Er hatte dort auch eine Reparaturwerkstatt, um einen Rundumservice bieten zu können. Der Erfolg stellte sich schnell ein, besonders wenn man bedenkt, dass die Anfangszeit mit der Weltwirtschaftskrise von 1929 zusammenfiel. 1935 entschied Serafino Allemano, sich ganz auf Karosseriearbeiten zu spezialisieren, stellte noch im selben Jahr seine erste eigene vollständige Karosserie her und verlegte den Firmensitz an die Via Rosmini.

Anders als etabliertere Karosseriebauer, die bei Ausbruch des Zweiten Weltkriegs von der zivilen Fertigung auf Rüstungsaufträge umstellten, musste die Carrozzeria Allemano ihre Tätigkeit ganz unterbrechen, denn der Inhaber wurde einberufen und die Werkstatt bei einem Bombenangriff halb zerstört. Zum Glück konnte die Firma nach Kriegsende einen neuen Anlauf unternehmen und erregte besonders in den 50er Jahren Aufsehen mit Sonderkarosserien für Fiat- und Lancia-Modelle sowie für Alfa Romeo, zunächst auf Basis des 6C 2500 und dann auf der Giulietta Berlina.

Bereits Ende der 40er beauftragte die soeben gegründete Firma Ferrari Allemano mit einer Karosserie auf Basis des Ferrari 166, die er in Zusammenarbeit mit einem echten Künstler namens Giovanni Michelotti erstellte. Die Erfolge erregten auch im Ausland Aufmerksamkeit. So baute die Carrozzeria Allemano schon 1952 den Panhard Dyna 750 Coupé, einen kleinen Rennwagen, von dem sechs Exemplare entstanden, während ein großer Renault-Händler Cabriolets auf Basis erst des 4 CV und später der Dauphine in Auftrag gab. In Großbritannien kleidete Allemano Jaguar und Aston Martin ein.

Allemanos Ruhm überquerte gar die Ozeane und gelangte bis nach Japan, wo der Turiner Karosseriebauer den Auftrag zur Erstellung zweier Prototypen für ein Unternehmen namens Fuji erhielt, das heute Subaru heißt.

Die Zeit um 1960 war die goldene Ära des Turiner Karosseriebauers, der von Cabriolets und Coupés auf Basis des Fiat 1500 bis hin zu Sonderkarosserien für Maserati, Ferrari und A.T.S. ein breites Spektrum abdeckte. Die erfolgreiche und intensive Tätigkeit erforderte den Umzug in größere und besser geeignete Räumlichkeiten an der Via P. Cossa. 1954 betraute Maserati Allemano mit dem Bau einer Sonderkarosserie auf dem Fahrgestell des A6G 2000, und aus der folgenden Zusammenarbeit mit der Firma aus Modena stammen wahre Meisterwerke, etwa auf Basis von 3500 GT und 5000 GT.

Für den Kleinhersteller A.T.S. entwarf und baute Allemano einen Straßensportwagen, den ATS 2500 GT, der aber nicht viel Erfolg hatte, weil die Marktmacht von Ferrari und Maserati in diesem Segment bereits zu stark etabliert war. Die Mitte der 60er Jahre eintretende Wirtschaftskrise zwang den Turiner Carrozziere 1965, sein Werk zu schließen.

Boano (1954-1958)

Mario Felice Boano verbrachte sein ganzes Erwerbsleben in der Autobranche und gründete die nach ihm benannte Carrozzeria 1954, nachdem er Ghia verlassen hatte, gemeinsam mit seinem Sohn Gian Paolo und Geschäftspartner Luciano Pollo. Boano blieb bis 1957 Inhaber der „Carrozzeria Boano Lavorazioni Speciali“ in der Via Collegno 14 in Turin.
Geboren 1903 in Turin, absolvierte Mario Boano die Technikerschule San Carlo und arbeitete nach dem Abschluss bei den Stabilimenti Giovanni Farina, die damals zu den bestangesehenen Karosseriefirmen Italiens zählten. Die entscheidende Wende in seiner Karriere kam, als Battista (Pinin) Farina sich von seinem älteren Bruder trennte, um seine eigene Karosserieschneiderei „Pinin Farina“ zu eröffnen. Boano folgte ihm als Chefentwerfer und war bald Berater. In der Folge beschloss Boano, sich selbstständig zu machen und eine Formenbaufirma zu gründen, die für Karosseriebaufirmen die Holzformen fertigte, über denen die Bleche in Handarbeit geklopft wurden.
In dieser Zeit entstand der Kontakt zur Carrozzeria Ghia, und die Freundschaft mit Giacinto Ghia führte dazu, dass Boano 1946, zwei Jahre nach Ghias Tod, zusammen mit Giorgio Alberti die Firma übernahm. Noch im selben Jahr verkaufte ihm Alberti seine Anteile, und Boano wurde Alleininhaber von Ghia.
Später stellte er auf Vermittlung seines Freundes, des Carrozziere Viotti, einen Ingenieur namens Luigi Segre ein, der sich um den Vertrieb kümmern sollte. Zunächst erhielt Segre nur Provision, aber er war so geschickt bei der Absatzsteigerung, dass Boano ihm die Teilhabe am Unternehmen anbot, gemeinsam mit Boanos Sohn Gian Paolo und dem Geschäftsführer der Firma, Luigi Sibille.
Bis 1954 gingen die Geschäfte so weiter, als es zu Meinungsverschiedenheiten zwischen Segre und Boano kam und letzterer, überstimmt und in die Minderheit gebracht, das Unternehmen überlassen musste. So kam es, dass er noch im gleichen Jahr sein eigenes Karosserieunternehmen gründete. Die Firma Boano behielt diesen Namen aber nur rund vier Jahre lang. 1957 überließ Boano die Leitung des Unternehmens seinem Schwiegersohn Ezio Ellena, behielt aber eine kleine Beteiligung. Im nächsten Jahr änderte sich der Name in „Carrozzeria Ellena Lavorazioni Speciali“. Das Unternehmen bestand bis 1966.

Boano schloss, nachdem er seine Firma 1957 verlassen hatte, einen Vertrag mit Fiat, der ihm Schaffung und Leitung der Werks-Designabteilung Centro Stile Fiat übertrug. Es wurde abgemacht, dass die Rolle des Leiters später sein Sohn Gian Paolo übernehmen sollte. Er blieb bis 1988 Chef des Centro Stile. Für Alfa Romeo entwarf Boano den 1900 „Primavera“, der in der offiziellen Preisliste stand, und verschiedene Sonderkarosserien auf Basis des 1900, darunter einen Wagen für den argentinischen Staatschef Perón.
Für die *Casa del Portello* beteiligte sich Boano auch an der Fertigung der neuen Giulietta Sprint, denn Bertone war damals industriell nicht weit genug entwickelt, um die Produktion allein sicherzustellen. Aber diese Zusammenarbeit endete bald. Für Ferrari hingegen erstellte er das Einzelstück eines 250 GT Cabriolet im Jahr 1956 und insgesamt 63 Coupés von 1956 bis 1957, deren Design dem 250 GT von Pininfarina ähnelte.

Boneschi (1919)

Die „Carrozzeria Boneschi“ öffnete 1919 in der Via Savona 91 in Mailand. Gründer Giovanni Boneschi hatte seine Leidenschaft für das Karosseriebauerhandwerk als Jugendlicher in der Carrozzeria Castagna entdeckt. Vielleicht drängte ihn diese Erfahrung, einige sehr repräsentative Autos zu bauen, mit denen er aber wenig Erfolg hatte. Erst 1922, mit der Vorstellung des neuartigen Lancia Lambda, begann sich das zu ändern.

Enrico Minetti, Lancia-Händler für Mailand und Umgebung, traf Boneschi und eröffnete ihm den Plan, Lancia-Kunden ausgefallene, ungewöhnliche Autos mit Spezialkarosserien anzubieten. Boneschi zeigte Interesse, und es entstand eine Kleinserie Lancia Lambda. Die erste Wendung zur Konsolidierung der Carrozzeria war aber am 28. Juni 1923 die Gründung der Aktiengesellschaft Società Anonima Boneschi, mit der die Firma sich in ein stärker strukturiertes Unternehmen wandelte, einen modernen Maschinenpark erwarb und in die Via Padova 17 umzog.

Nachdem er kurzzeitig für den französischen Hersteller Citroën gearbeitet hatte, wandte Boneschi seine Tätigkeit wieder ausschließlich Lancia zu, nachdem beide bereits so eng zusammengearbeitet hatten. In den 1920er und 1930er Jahren schuf Boneschi einige seiner Meisterwerke auf Chassis von Lancia Dilambda, Astura und Aprilia. In den Jahren unmittelbar vor dem Zweiten Weltkrieg arbeitete die Carrozzeria Boneschi auch mit Alfa Romeo und karossierte einige Chassis des Typs 6C 2500.

Während des Krieges wurden das Werk schwer beschädigt und der Betrieb unterbrochen. Nach Kriegsende nahm die Firma die Tätigkeit in einem neuen Betrieb in der Via Giocosa 19 wieder auf und baute auf Basis des Alfa Romeo 6C 2500 Repräsentationswagen, die von einigen Politikern der Zeit genutzt wurden.

Von da an arbeitete die Firma Boneschi mit der *Casa del Portello* zusammen und kleidete viele Alfas vom 1900 über Giulietta und 2000 bis zum 2600 ein, wenn auch niemals offiziell im Werksauftrag. Weniger bekannt ist, dass Giovanni Boneschi auch das maßstäbliche Design-Modell eines kleinen Coupés baute, mit dem man sich um die Fertigung der Giulietta Sprint bewerben wollte.

Gründer Boneschi erlag am 16. November 1946 einem Herzinfarkt und hinterließ eine moderne Fabrik unter der kundigen Leitung des Geschäftsführers Bruno Pezzaglia, der als ganz junger Mann 1924 in die Firma eingetreten war. Pezzaglia diversifizierte das Programm und besetzte ein Marktsegment, das in den 50er Jahren ein echtes gesellschaftliches Phänomen wurde: das der Werbefahrzeuge.

Boneschi war womöglich der wichtigste Schöpfer dieser neuen Fahrzeuggattung, deren Entstehung eng an den starken Anstieg der Haushaltseinkommen im Italien jener Jahre gebunden war. Mit der Kaufkraft der Italiener wuchs auch der Bedarf der Industrie, Kunden flächendeckend und wirksam anzusprechen.

Außer diesen Fahrzeugen wusste Boneschi auch raffinierte Spezialkarosserien wie den 1962 gemeinsam mit Rodolfo Bonetto hergestellten Lancia Flaminia Spider vorzustellen. Zu diesem Zeitpunkt aber nahm die Aktivität auf dem Personenwagensektor aufgrund einer spürbar nachlassenden Nachfrage nach Spezialkarosserien bereits ab.

Andererseits wuchs der Bedarf an Aufbauten für Nutzfahrzeuge, sowohl bei Bussen als auch bei Lastwagen. Alfa Romeo bot Romeo und F12 mit Aufbauten von Boneschi in der Werkspreisliste an. In den 70er Jahren bestand das Angebot Boneschis aus Aufbauten für Nutzfahrzeuge auf Iveco- und OM-Basis, in den 1980ern kamen Pkw-Umbauten von Lancia Thema hinzu. Schließlich wurde Boneschi von der Carrozzeria Savio aufgekauft, einem Turiner Unternehmen, das eine ähnliche Entwicklung durchgemacht hatte.

Im Jahr 2000 war Boneschi noch mit Krankenwagen und Transportern sowie mit Schienenfahrzeugen am Markt. Ende 2006 verkaufte die Savio-Gruppe das seit den frühen 70ern genutzte Boneschi-Stammwerk in Cambiago. Heute existieren von Boneschi- und Savio-Fahrzeugbau nur noch die Markennamen. Das Unternehmen Gruppo Savio gehört einer in Genua ansässigen Holding-Gesellschaft, die sich mehr im Immobiliengeschäft denn mit Industrieproduktion betätigt.

Unter den weiteren Automobilmarken, mit deren Fahrzeugen Boneschi sich in seinen Glanzzeiten befasste, verdienen Talbot, Rolls-Royce und Fiat Erwähnung. Nachdem sich der Ruhm erst auf die Spezialkarosserien für Pkw und später auf die Werbefahrzeuge gründete, bleibt der Firma Boneschi das Verdienst, in den 60er Jahren die Mode der kantigen Karosserieformen um Jahre vorweggenommen zu haben, bevor sie sich sehr viel später auch bei anderen Designern verbreitete.

Castagna (1849)

„La Castagna“ erhob sich aus der Asche der angesehenen Werkstatt „Ferrari & Orsaniga“, ihrerseits Erbin der noch ruhmreicheren Firma „Mainetti & Orseniga“, die Kutschen für viele europäische Adelsfamilien baute. Die abweichende Schreibweise der Namen ist übrigens kein Tippfehler. Es gibt tatsächlich mal Orsaniga und mal Orseniga, also hat sich beschlimmstenfalls bereits der Standesbeamte verschrieben und den Fehler amtlich gemacht.
Carlo Castagna, der 1855 zur Welt kam, begann mit nur neun Jahren als Lehrling just bei Paolo Mainetti zu arbeiten, in der kleinen Manufaktur für Pferdekutschen an der Via San Celso in Mailand. In der Zwischenzeit wurde die Firma Mainetti von Ferrari & Orseniga übernommen, und 1894 übernahm Castagna das gesamte Unternehmen und benannte es um in „Carrozzeria Carlo Castagna & C. Milano“, mit Sitz an der Via della Chiusa. Instandhaltung und Herstellung majestätischer Repräsentationskutschen und leichter Wagen für Spazierfahrten blieben das Angebot.
Unter den Pferdekutschen sei ein legendärer Spider-Phaeton aus Zitronenholz mit roten Verzierungen erwähnt, der für den großen Schriftsteller Alessandro Manzoni gebaut wurde, unter den ersten Motorwagen der für Königin Margherita von Savoyen 1905 erstellte weiße Doppel-Phaeton auf einem 24HP-Chassis von Fiat, der mit allem damals denkbaren Zubehör ausgestattet war. Nicht ohne Grund beschrieb der damalige Nationaldichter Gabriele D’Annunzio Castagna als „die Traumfabrik, die der Geschwindigkeit die Gabe der Eleganz verleiht“.
Der Übergang von Pferdekutschen zu Karosserien für Motorwagen vollzog sich stufenweise: In jenen Jahren begann die Zusammenarbeit mit der Firma Ottolini & Ricordi, dem Importeur von Benz-Vierrädern nach Italien, für deren Motorwagen Castagna die ersten Karossen baute und so schrittweise zur Fertigung echter Automobile gelangte. Herausragend war die Tropfenwagen-Karosserie auf einem A.L.F.A. 40/60 HP, die Castagna 1913 für den Grafen Ricotti baute, und die heute als erster Van der Automobilgeschichte gilt. Castagna war auch ein Pionier des Exports unter den Carrozzieri und hatte seit 1908 Ausstellungsräume in New York und London. Bereits in den 20er Jahren entfielen 70 Prozent des Absatzes auf Bestellungen aus dem Ausland.
Carlo Castagna starb 1915, als er die technische Leitung der Firma schon an seinen Sohn Ercole übertragen hatte. Dieser modernisierte die Fabrik auch im Hinblick auf den stetigen Anstieg der Bestellungen aus dem Ausland, und erhöhte die Kapazität durch den Umzug auf ein größeres Gelände in der Via Montevideo 19. So konnte er alle Bestellungen bedienen und sogar eine wichtige Produktionslinie für das italienische Heer aufmachen, für das er sich auf den Bau von Krankenwagen spezialisierte. Castagna begann mit allen wichtigen in- und ausländischen Fahrzeugherstellern zu arbeiten, besonders den exklusiven wie Isotta Fraschini, Hispano-Suiza, Alfa Romeo, Lancia, Daimler-Benz. Sehr nützlich war eine Vereinbarung mit dem Flugzeughersteller Caproni, dank der Castagna Zugang zu deren fortschrittlicher Technologie erhielt und für die ab 1917 in einer eigenen Abteilung Flugzeugrümpfe gebaut wurden. Im Jahr 1919 war die Carrozzeria mit 400 Angestellten und 32.000 m^2 Fläche, davon 20.000 überdacht, die größte ihrer Art in Italien. Mehrere prächtige Alfa Romeo RL SS wurden karossiert, darunter ein staunenswerter Torpedo mit Aluminiumkarosserie in Pfauenaugen-Schliff, der heute im Werksmuseum von Alfa Romeo steht.
Castagna war auch Urheber einiger der schönsten Alfa 6C 1750. Eine Ausstellung bedeutender Autos in New York 1927, darunter Duesenberg mit Castagna-Karosserie, förderte Bekanntheit und Prestige der Firma in Amerika und ermutigte Ercole Castagna, die gesamte Produktion in das neue Werk zu verlegen. Dort konnten bei vollem Betrieb mehr als 100 Fahrzeuge im Jahr entstehen, dazu noch verschiedene Komponenten für die aufstrebende Luftfahrt- und Autoindustrie.
Auch die Zuliefertätigkeit war gut aufgestellt: Castagna hatte die erste Anlage zum galvanischen Verchromen in Italien und stellte Beschläge und Spezialbauteile für viele Branchen von der Möbelindustrie bis zur Feinmechanik her. Erwähnt sei die Compagnie Internationale des Wagons-Lits, einer von Castagnas wichtigsten Abnehmern für Schienenfahrzeug Komponenten. Die Carrozzeria war am Bau verschiedener, auch sehr luxuriöser Züge beteiligt, darunter der Orient Express.
Auf dem Mailänder Automobilsalon 1932 stellte Castagna seine schönsten Neuheiten vor, darunter drei Alfa Romeo 6C 1750 GT: einen Innenlenker mit betörender hell- und dunkelblauer Zweifarblackierung, einen

aerodynamischen Roadster mit völlig versenkbarem Verdeck und einen weiteren Innenlenker. Mit Alfa Romeo arbeitete man nun eng zusammen, und da die *Casa del Portello* von den frühen 30er Jahren bis zum Zweiten Weltkrieg keine eigene Designabteilung hatte, liegt die Vermutung nahe, dass die Carrozzeria Castagna mehrfach konsultiert wurde. Bis 1933 wurde die Firma von Ercoles jüngerem Bruder Emilio geleitet, der Absolvent der Kunstakademie Brera war. Dann übergab dieser an Ercoles Sohn.

Emilio legte außer auf die Formgebung auch großen Wert auf neue technische und konstruktive Lösungen und investierte stark in die Entwicklung neuer Patente. Dies brachte ihn auch mit Persönlichkeiten außerhalb der Autobranche zusammen, etwa mit dem französischen Designer Jean Patou, der bei der Auswahl von Stoffen beriet, und mit dem deutschen Aerodynamiker Bergmann. Aus dieser Zusammenarbeit gingen zahlreiche Stromlinienkarosserien hervor.

So kaufte Castagna 1937 eine Lizenz für das Vutotal-Patent, in Italien vertrieben von der Firma VIS (Vetro Italiano di Sicurezza, „Italienisches Sicherheitsglas“) unter dem Namen Vistotal, um einige spektakuläre Coupés und Cabrios mit rahmenloser Windschutzscheibe zu bauen, die aus starkem mittragendem Glas bestand.

Der Niedergang von Castagna vollzog sich in vielen kleinen Schritten. Das erste Alarmsignal war die Schließung des Autoherstellers Isotta Fraschini infolge der Krise des US-Marktes 1933, die Castagna eines wichtigen Marktes und des wichtigsten Herstellers für seine Basisfahrgestelle beraubte. In der Autostadt Mailand waren damit nur noch Alfa Romeo und Bianchi als Hersteller ansässig.

Im Zweiten Weltkrieg fielen zwei Bomben auf das Castagna-Gelände und beschädigten die mittlerweile 42.000 m^2 große Karosseriefertigungshalle schwer, in der mehr als 600 Mitarbeiter beschäftigt waren. Die Mailänder Traditionsfirma war so zum Umzug nach Venegono Superiore in der Provinz Varese gezwungen. Trotz aller Bemühungen war Castagna jedoch letztlich nicht zu retten und musste 1954 schließen.

Um die Jahrtausendwende aber wurde der unvergessene Name Castagna von einem Mailänder Architekten und Liebhaber von Spezialkarosserien, Gioachino Acampora, wiederbelebt. Auf dem Genfer Salon 2003 stellte die neue Firma Castagna auf eigenem Stand drei Modelle aus: ein viersitziges Coupé mit Maserati-Technik (genannt Auge), ein zweisitziges Coupé auf Alfa-Romeo-Basis (genannt Ginevra) und eine zweisitzige Barchetta mit Ferrari-Technik (genannt Rossellini). Das tägliche Brot der Firma sind indes luxuriöse Umbauten auf Basis von Großserienmodellen wie Mini und Fiat 500.

Cisitalia (1944-1964)

„Cisitalia“ steht für „Compagnia Industriale Sportiva Italia“ und war der Name einer Automobilfabrik, die 1944 von den bekannten Rennfahrern Piero Dusio und Piero Taruffi in Turin gegründet wurde. Das erste Fahrzeug war 1946 der Monoposto D46, entwickelt von Dante Giacosa und Giovanni Savonuzzi und angetrieben vom Vierzylinder des Fiat 1100, der auf 60 PS leistungsgesteigert war. Sein Debüt gab der D46 am 3. September 1946 bei der „Coppa Brezzi“ auf dem Turiner Valentino-Rundkurs. Gleich sieben Fahrzeuge des neugeborenen Turiner Unternehmens waren am Start mit Dusio, Nuvolari, Sommer, Chiron, Taruffi, Cortese und Biondetti am Steuer. Es gewann Dusio, und Nuvolari erreichte das Ziel, obwohl sich das Lenkrad von der Steuersäule gelöst hatte.

Die Erfolge des D46 ermutigten Dusio zu einem weiteren Modell, dem 202 (1947), einem kleinen Gran Turismo, gezeichnet von Savonuzzi und konstruiert von Giacosa. Mit seiner innovativen und hochmodernen Designsprache machte der 202 Epoche; ein Exemplar ist heute im New Yorker Museum of Modern Art als „bewegliche Skulptur“ ausgestellt.

Den Durchbruch erzielte Cisitalia bei der Mille Miglia 1947. Die erste Nachkriegsausgabe des legendären Rennens sah 151 Starter, die meisten auf renovierten Vorkriegsfahrzeugen mit Ausnahme der Ferrari 125 S, der Maserati A6 GCS und der Cisitalia. Die Cisitalia profitierten vom Ausfall der Favoriten, und Nuvolari führte auf Cisiltalia das Rennen bis Asti an, als ihn der leistungsmäßig weit überlegene Alfa Romeo 8C 2900 B von Biondetti ein- und überholen konnte und schließlich mit 16 Minuten Vorsprung in Brescia ankam.

Wichtig für Cisitalia war die enge technische und persönliche Beziehung, die seit 1947 zwischen Piero Dusio und Ferry Porsche bestand, nachdem Dusio sich auch mit der Zahlung eines hohen Lösegeldes für die Freilassung von Ferdinand Porsche aus französischer Kriegsgefangenschaft eingesetzt hatte. Zum Dank entwarf Ferry Porsche für Dusio einen Rennwagen, der es mit den Grand-Prix-Fahrzeugen aufnehmen können und die Vormachtstellung des Alfa Romeo 158 angreifen sollte. Der auf die Bezeichnung 360 getaufte Wagen war ein Monoposto mit Rohrrahmen, einem aufgeladenen V12 mit 1500 cm^3 im Heck, der auf dem Prüfstand über 500 PS leistete, und Allradantrieb, beeinflusst von den Auto-Union-Silberpfeilen Ferdinand Porsches aus der Vorkriegszeit.

Zwei Fahrgestelle und zwei Motoren entstanden, waren aber 1950 noch im Experimentierstadium. Die Porsches aber konnten mit dem Lohn für das Projekt ihre finanziellen Schwierigkeiten überwinden und ihre eigene Firma aufbauen.

Nicht zufällig wurde von 1946 bis 1948 die Studie 356 definiert, deren erstes Exemplar mit der Fahrgestellnummer 356.001 just 1948 fertiggestellt wurde: Der berühmte Porsche 356, erstes Serienmodell der Marke, war bereit für den Genfer Salon. Unglücklicherweise geriet Cisitalia wegen der hohen Ausgaben für Porsches Lösegeld und den Bau der Prototypen sowie eines gleichzeitigen Rückgangs der Verkäufe des 202 in eine schwere Finanzkrise. So wurde Porsche geboren, und Cisitalia starb.

Dusio gelang es, die Bestandteile des Projekts 360 aus der Konkursmasse herauszuhalten und damit nach Argentinien umzuziehen. Zurück blieb die von den Kreditgebern kontrollierte „Società d'Esercizio Cisitalia“, zu deren Aktionären Dusio gleichwohl weiter gehörte. Die Fertigung des 202 ging in dieser Nachfolgegesellschaft noch etwas weiter, aber seine Zeit lief ab. Ferry Porsche jedoch vergaß den Wagen nicht so schnell, er blieb dankbar für Dusios Großzügigkeit und nannte 1953 den neuen Porsche 550 zu Ehren Dusios, der diese Schreibweise erstmals beim „Cisitalia 202 Spyder Mille Miglia“ verwendet hatte, „Spyder“.

Eine letzte Gelegenheit zur Wiederbelebung der alten Cisitalia-Projekte ergab sich 1952 durch die Vereinbarung mit dem Bootsmotorenhersteller B.P.M., der einen 2,8-Liter-Motor lieferte. Mit einem solchen Motor in seinem Cisitalia 202 nahm Dusio im selben Jahr an der Mille Miglia teil, fiel aber in aussichtsreicher Position liegend mit einem Kupplungsdefekt aus.

1953 verließ Dusio die von ihm gegründete Firma endgültig, und es entstand die „Cisitalia Autocostruzioni“, die sich hauptsächlich mit Umbau und Tuning von Serienfahrzeugen beschäftigte, darunter einiger Giulietta Berlina. Cisitalia stellte den Betrieb letztendlich 1964 ein. Als letztes Modell entstand der 750 GT auf Basis des Fiat 600.

Colli (1931-1972)

Die „Carrozzeria Colli“ wurde 1931 am Viale Certosa 181 in Mailand von Giuseppe Colli gegründet, zuvor Mitarbeiter der berühmten Carrozzeria Touring. Collis Söhne Beniamino, Tarcisio, Candido und Mario arbeiteten von Anfang an in der Firma mit, Mario übernahm 1936 nach dem Tod des Vaters die Leitung bis zur Schließung 1972. Die ersten dokumentierten Fahrzeuge mit Colli-Karosserien waren einige Fiat 1100.
Angesichts des Erfolgs der Motorsportkategorie *Sport Nazionale* verlegte Colli sich auf den Bau von Aluminiumkarosserien. Im Zweiten Weltkrieg stellte Colli wie viele andere Carrozzerie Flugzeugteile her sowie Prototypen von Sturmbooten für die Königliche Marine. Nach Kriegsende kehrte Colli zum Sportwagenbau zurück und baute unter anderem die Karosserien der Alfa Romeo 6C 2500 SS von Marinotti und Bianchetti für die ersten Saisons der italienischen Meisterschaft.
Die zunehmende Bekanntheit aufgrund der Erfolge, die ihre Sportfahrerkunden errangen, ermutigte die Carrozzeria 1947 zur Teilnahme an dem bedeutenden Schönheitswettbewerb von Villa d'Este mit einer Barchetta auf Basis des Fiat 1500 mit Gilco-Rohrrahmen: Der Wagen gewann den Preis für die beste italienische Sonderkarosserie auf Basis eines Serienfahrzeugs.
1951 kam es zu einer entscheidenden Weichenstellung: Die Carrozzeria Colli änderte ihre Strategie und begab sich unter den Einfluss der *Casa del Portello* in der unmittelbaren Nachbarschaft. Alfa erteilte sogleich einen wichtigen Auftrag: den Bau des 6C 3000 CM (Competizione Maggiorata) als Coupé und Spider, der mit Fangio am Steuer den Trofeo Supercortemaggiore in Meran gewinnen sollte und noch heute vom Museo Storico Alfa Romeo bei diversen Veranstaltungen vorgeführt wird. Seine Form ist vom berühmten „Disco Volante“ abgeleitet, dessen Version mit „schmalen Seiten“ Colli baute.
Die Form des „Disco Volante“-Coupés von Touring wiederum imitierte Colli beim Bau zweier Panhard für die Mille Miglia 1953 und bei einer Barchetta für die Auflage 1954. Weiterer enger Zusammenarbeit mit Alfa entsprangen verlängerte 1900 und Giulietta. Collis Angebot bestach mit der großen Palette von Monoposti mit VW-Motor, die mit den Cisitalia D46 konkurrierten, über den Aer 1, ein dreisitziges Flugzeug, dessen Rumpfende nach vorn geklappt werden konnte, um platzsparend abgestellt werden zu können, bis zu Sonderkarosserien auf Basis der Giulietta oder des Romeo-Lieferwagens.
Just mit dem Erscheinen der beiden letzteren Modelle begann Colli, ausschließlich mit Alfa Romeo zusammenzuarbeiten, und baute dabei alles von Polizei-1900 bis zu Kombiwagen auf Giulietta-Basis. Auf Basis der Giulia-Kombis entstanden auch noch Polizeiwagen, bis Colli im Juni 1972 wegen nicht ausreichender Auftragslage die Tore endgültig schloss.

Fissore (1921-1984)

1921 gründeten die vier Brüder Fissore – Bernardo, Antonio, Giovanni und Costanzo – in Savigliano die „Carrozzeria Automobili Fratelli Fissore“. Der Ort in der Provinz Cuneo im Piemont war auch Geburtsort weiterer wichtiger Carrozzieri wie Alessio und Scioneri, die bei Fissore in die Lehre gingen. Zum Startkapital der Brüder Fissore gehörten gebrauchte Werkzeuge und Maschinen der Werkstätten der staatlichen Eisenbahnen, die seit 1850 in Savigliano ihren Sitz hatten. Der Betrieb stellte anfangs handwerklich Pferde- und Ochsenfuhrwerke her, dann auch Automobile, Kasten- und Lastwagen.

Ende der 20er Jahre entschieden die Fissore, keine Kutschen und Fuhrwerke mehr zu bauen und sich ganz auf den Karosseriebau von Automobilen zu verlegen. In der Folge wuchs der Betrieb auf 15 Mitarbeiter in den frühen 30er Jahren an. 1936 übernahm Bernardo die Leitung der Firma, und sein Sohn Mario spezialisierte sich auf den Entwurf. Das Angebot war bunt gemischt: vom Personenwagen nach Maß über Leichenwagen und Krankenwagen bis zum Gran Turismo.

Der Krieg beeinträchtigte den Betrieb nicht: Im Gegenteil, es kamen Aufträge der Armee für Ausrüstung und Bau von Militärfahrzeugen hinzu, die Produktion wuchs. Weder Familienangehörige noch Betriebsvermögen litten durch den Krieg. Das begünstigte die Entwicklung während des Nachkriegsbooms natürlich sehr.

Zwei Produkte verbinden sich besonders mit dem Namen Fissore: Kombis und Werbefahrzeuge. 1948 stellte Fissore auf dem 31. Turiner Salon offiziell eine neue „funktionelle Karosserie“ vor: Der Kombi namens „Giardinetta“ eignete sich für den Transport von Waren wie von Personen – ein Karosserietyp, den in Italien bisher besonders Viotti gebaut hatte. Das erste Fahrzeug dieser Art baute auf dem Fiat 1100 auf und war von Mario Revelli De Beaumont entworfen worden, in dessen Turiner Studio Mario Fissore 1947 hospitierte.

In den 50er Jahren etablierte sich eine neue Art von Spezialkarosserien: Werbefahrzeuge wurden vor allem bei öffentlichen, etwa sportlichen Großereignissen wie dem Giro d'Italia eingesetzt. Diese neuen Spezialaufbauten wurden zusammen mit den Kombis und Krankenwagen ein Standbein der Carrozzeria aus Savigliano.

Die Belegschaft wuchs auf 80 Mitarbeiter, davon 13 Mitglieder der Familie Fissore. Auf Alfa-Romeo-Basis entstanden Giulietta-Limousinen und zwei verschiedene Krankenwagen, einer auf Basis des 1900 M, der andere auf dem Romeo.

Fissore schuf viele und vielseitige Sonderaufbauten, Kranken- und Leichenwagen. Außerdem arbeitete das Unternehmen international mit Herstellern zusammen, darunter mit Face (Argentinien), Vemag (Brasilien), Mitsubishi (Japan), Siata Espanola (Spanien), Monteverdi (Schweiz), Elva und TVR (Großbritannien) sowie im Inland mit Maserati, De Tomaso und besonders Fiat.

Den Höhepunkt ihrer Entwicklung erreichte die Firma in den 60er Jahren, als 200 Mitarbeiter eine breite Palette an Produkten herstellten. 1968 firmierte sie in „Fratelli Fissore“ um und gab damit auch dem Generationswechsel Ausdruck, der Mario 1971 zum Geschäftsführer und Direktor aufsteigen sah, während die Zahl der Beschäftigten mit 250 ihren Höhepunkt erreichte.

Als die Branche in den 70er Jahren in die Krise geriet, fand jedoch auch Fissore keinen Ausweg daraus, und der Tod Bernardos 1973 leitete eine anhaltende Verschlechterung ein, an deren Ende 1984 der Konkurs stand. Schon 1976 jedoch gründeten einige Familienmitglieder die Firma Rayton Fissore, die rund zehn Jahre später den Alfa 75 SW bauen sollte.

1997 benannte Rayton Fissore sich in „Magnum Industriale“ um, nach dem Namen seines Erfolgstyps, des Geländewagens Magnum, mit dem auch die Polizei ausgerüstet war. Abgesehen davon war der Erfolg des Magnum in Italien aber begrenzt, so dass er dort schon Mitte der 90er Jahre vom Markt genommen wurde. In den USA wurde er aber mit Ford-Motor unter dem Markennamen Laforza bis 2003 angeboten.

Francis Lombardi (1947-1976)

Der Ingenieur Carlo Francesco „Francis“ Lombardi wurde 1897 in Genua geboren. Anders als andere Carrozzieri kam er nicht schon in sehr jungen Jahren beruflich in die Autobranche, sondern war zunächst im Ersten Weltkrieg Jagdflieger. Er schoss acht Gegner im Luftkampf ab und wurde mit drei silbernen Verdienstmedaillen und zwei Kriegsverdienstkreuzen ausgezeichnet. Als Pilot vollbrachte er auch nach dem Weltkrieg Pionierleistungen. So nahm er am ersten Europarundflug 1929 teil und machte mit einem kleinen Sportflugzeug Typ Fiat AS1 etliche Fernflüge (mit Zwischenlandungen) wie Vercelli-Tokio 1930, Rom-Mogadischu im Alleinflug, einen Rundflug um Afrika mit dem Conte Franco Mazzotti (dem Initiator der Mille Miglia), und den Flug Rom-Buenos Aires 1934 auf Siai S71, wieder mit Mazzotti.
Als guter Autorennfahrer gewann er die Klasse bis 1100 cm^3 im Rennen um den Gardasee. Er zog nach Vercelli und eröffnete dort 1938 die A.V.I.A. (Anonima Vercellese Industrie Aeronautiche), eine Flugzeugfabrik, die auch während des Zweiten Weltkrieges aktiv war und mehrere Flugzeugtypen hervorbrachte wie die F.L. 3 (Francis Lombardi 3). Die war ein Meilenstein im Sport- und Schulflugzeugbau, der Prototyp des wirtschaftlichen und sicheren Kleinflugzeugs: Zweisitzig mit zwei Steuersäulen und zuerst mit einem CNA-Motor mit 60 PS, dann mit einem Continental mit 85 PS ausgerüstet, wurde sie auch von der italienischen Luftwaffe eingesetzt und in 500 Exemplaren gebaut, unter anderem auch von Agusta.
Nach dem Krieg fasste Lombardi den Plan, in die Automobilbranche zu wechseln und Karosseriebauer zu werden. 1947 benannte die A.V.I.A. sich in S.A.S. Francis Lombardi & C um, und 1949 kam als erstes Produkt der Fiat 1100 Giardinetta mit teilweise aus Holz bestehender Karosserie heraus. Bis 1957 wurden auch noch geringe Aktivitäten im Flugzeugbau beibehalten, dann wurden dort die Auftragseingänge und die Ertragslage zu mager, und Lombardi wandte sich ganz dem Automobilbau zu. Der Firmenname änderte sich in Francis Lombardi SaS, mit Lombardi selbst als Gesellschafter.
Mit der Zeit spezialisierte sich die Firma auf den Bau von verlängerten Limousinen auf Basis von Fiat-Serienmodellen, deren Radstand um rund 50 cm verlängert wurde, während im Innenraum zwischen die Sitzreihen Klappsitze montiert wurden. Auch einige Alfa Romeo 1900 wurden so umgebaut. Eine weitere Spezialität war der Umbau von Fiat 600 und 850 in Viertürer.
Zwar entstanden nur jeweils kleine Auflagen, aber Lombardi musste dennoch 1961 in ein moderneres und besser ausgestattetes, 18.000 m^2 großes Werk umziehen. Nun herrschte auch genug Platz, um für die italienischen Autosalons Ausstellungsstücke vorbereiten zu können. Während der 60er Jahre erweiterte Lombardi das Programm um Nutz- und Spezialfahrzeuge wie Leiterwagen.
Die Firma Francis Lombardi gehörte zu der kleinen Zahl unabhängiger Carrozzieri mit eigenem Vertriebsnetz, das in Italien mehr als 160 Vertragshändler umfasste. Gegen Ende der Tätigkeit des Unternehmens erreichte die Produktion mehr als 6000 Einheiten jährlich (1970). Insgesamt stellte die Firma im Vierteljahrhundert ihrer Existenz 50.000 Autos her und beschäftigte in der Spitze 100 Mitarbeiter. 1973 wurde Lombardi von Alitalia zur Erinnerung an seine Pioniertat von 1930 zum ersten Linienflug Rom-Tokio mit der neuen DC8 eingeladen.
Die Firma schloss 1976 in der Branchenkrise ihre Tore. In jenem Jahr erhielt Lombardi einen Orden für seine Verdienste um die Fliegerei, nicht allein wegen seiner Rolle als Fliegerass im Weltkrieg, sondern auch wegen seiner Leistungen mit der A.V.I.A. auf dem Gebiet des Flugzeugbaus. Nach der Schließung seines Unternehmens widmete sich Lombardi der Erinnerung an die Kampfpiloten des Ersten Weltkrieges und organisierte mehrere internationale Jagdfliegertreffen. Er starb am 5. März 1983 in Vercelli, verehrt als einer der Luftfahrtpioniere Italiens.

Ghia (1915)

Der Grund, aus dem Giacinto Ghia, geboren 1887 und gestorben 1944, Carrozziere wurde, ist etwas kurios: Er fand zunächst eine Anstellung als Testfahrer bei Diatto und brach sich bei einem Unfall beide Beine. Weil er nicht weiter als Testfahrer arbeiten konnte, kündigte er mit nicht einmal 30 Jahren und gründete mit seiner Abfindung als Stammkapital und einem Kompagnon eine eigene Carrozzeria. So entstand 1915 die „Carrozzeria Ghia & Gariglio", die mit einem weiteren Gesellschafter 1923 zur „Carrozzeria Ghia & Actis" wurde und 1925 auf dem Automobilsalon mit einem Alfa Romeo RL SS vertreten war.
Von Anfang an hatte die Firma Erfolg beim Publikum und eroberte sich eine kleine, aber feine Kundschaft, die luxuriöse Fahrzeuge mit sportlichem Einschlag wollte wie den Alfa 6C 1500 mit Alukarosserie (der bei der 3. Mille Miglia 1929 seine Klasse gewann) oder den Siluro auf Fiat 501 S-Fahrgestell und den Balilla Coppa d'Oro.
1926 firmierte das Unternehmen ein letztes Mal um und wurde zur „Carrozzeria Ghia". Giacinto Ghia stand nun sein Schwager Giorgio Alberti zur Seite, dem Giacinto die Firma 1940 ganz übergeben sollte. Ghia ist die älteste noch existierende Carrozzeria und hat in ihrer langen Geschichte viele der wichtigsten Designer beschäftigt und bekannt gemacht, darunter Mario Revelli di Beaumont, Michelotti, Boano, Frua, Tjaarda, Giugiaro, Sapino und Savonuzzi.
Nach Giacinto Ghias Tod wurde 1946 Boano, ein anderer Designer, zuerst Carrozziere und Gesellschafter von Alberti und dann Besitzer der Firma Ghia. Ende der 40er Jahre erhielten Ghia und Pininfarina Kontakt zu Chrysler und daraufhin je ein Fahrgestell und Zeichnungen für eine Plymouth-Karosserie. Chrysler interessierte an den italienischen Carrozzieri die Verbindung von großer handwerklicher Tradition, hohen Fähigkeiten und niedrigen Löhnen. Während Pininfarina den Plymouth-Entwurf getreulich ausführte, änderte Boano ihn ab.
Boano gewann die Ausschreibung und ging zusammen mit Segre (siehe das Kapitel über Boano) in die USA, wo er erste Aufträge akquirierte: Ghia schaffte den Zugang zum internationalen Markt, der schon in den 20er Jahren gelungen war und sich in den 50er Jahren stark erweiterte. Besonders trug dazu die Zusammenarbeit mit Chrysler bei, aus der die Typen Dual, Flight Sweep und Plymouth Adventurer entstanden.
Schon in den Nachkriegsjahren baute Ghia zahlreiche erfolgreiche Prototypen wie den Fiat 1900 Gran Luce, den von Boano gezeichneten Lancia Aurelia B20 und Simca-Abarth. Allesamt waren es Autos, deren raffiniertes Styling sich mit gleich hochwertiger Technik verband. 1955 begeisterte Ghia das Publikum aller Autosalons mit dem noch heute berühmtem Dreamcar Gilda, einem Meilenstein der Ghia-Geschichte. Michelotti entwarf für Ghia die Alfa Romeo 6C 2500 Supergioiello, eine organische Fortsetzung des von Boano begründeten Designs der „Gioiello"-Typen, und zahlreiche weitere Modelle, die zum Teil in der Schweiz bei Ghia Aigle auf Basis unter anderem von Ferrari und Bugatti gebaut wurden.
1953 verließen Mario Boano und sein Sohn Gian Paolo die Firma nach einer unversöhnlichen Auseinandersetzung mit Segre, der die Firma übernahm. Der *ingegner* Segre veränderte die Geschichte von Ghia nachhaltig: Er war nicht nur für die Kontakte in die USA verantwortlich, aus denen eine Zusammenarbeit erwuchs, die in Frequenz und Zahl von Prototypen für diese Ära einzigartig war. Er schuf mit der Gründung der „OSI" (Officine Stampaggi Industriali) Anfang der 60er Jahre auch die Möglichkeit, von Einzelstücken und Kleinstserien zur echten Serienproduktion überzugehen, wie es zuerst mit Innocenti 950 und Fiat 2300 S Coupé geschah.
Dann war da der Karmann-Ghia: Luigi Segre hatte sich von Charles Ladouce von France Motor, dem französischen Volkswagen-Importeur, einen Käfer liefern lassen, auf dem ein Prototyp gebaut wurde, der 1953 debütierte. 1955 ging der Wagen in Serie und machte Ghia weltbekannt. Das Karmann-Werk in Osnabrück stellte den Wagen 19 Jahre lang her. In den 50er Jahren war er ein wichtiges Standbein Ghias. Die Verbindung des Namens mit diesem Modell wurde so stark, dass Ford nach dem Kauf von Ghia 1973 rechtliche Schwierigkeiten bekam, den Namen Ghia zu verwenden: Volkswagen und Karmann legten zunächst Protest dagegen ein.
Segre war es auch, der seinen persönlichen Freund *ingegner* Savonuzzi zu Ghia brachte. Savonuzzi war Dozent am Lehrstuhl für Motorentechnik des Politecnico von Turin. Er hatte in der Flugmotorenabteilung von Fiat gearbeitet und später in der Automobilentwicklung unter Dante

Giacosa, mit dem er und Dusio den Cisitalia D46 entwickelt hatten. Mit Savonuzzi wurde die Arbeit von Ghia organisierter und professioneller. Savonuzzi zeichnete bei Ghia einige Alfa Romeo 1900 Super Sprint, den Supersonic auf Basis des Fiat 8V, den Chrysler Adventure II, den Gilda und den Super Gilda. 1957 wurde Savonuzzi nach Amerika abgeworben, wo man sein Talent schätzen gelernt hatte.
Statt seiner kam Pietro Frua zu Ghia: er war bereits etablierter Carrozziere und vereinbarte mit Segre, nach der Auflösung der Carrozzeria Frua 1957 die Leitung des Designbüros zu übernehmen. Aber nach einem Streit um die Urheberschaft eines Entwurfs verließ er Ghia bald wieder. Während einer seiner regelmäßigen USA-Reisen warb Segre 1959 in der Absicht, einen jungen Amerikaner zu Ghia zu holen, Tom Tjaarda an.
Ein weiterer wichtiger Designer war Sergio Sartorelli, auf den der Entwurf des Karmann-Ghia Typ 34 und des Chrysler Imperial zurückgeht. Mit dem Imperial, der auf Staatsoberhäupter wie Franco, Tito und Queen Elisabeth II. abzielte, setzte Ghia eine Tradition fort, denn schon vor dem Krieg waren Autos für Fürsten, Scheichs, Milliardäre und Schauspieler eine Ghia-Spezialität gewesen. Auch andere US-Hersteller gaben jetzt bei Ghia Prototypen und Showcars in Auftrag, Ford etwa den Futura und Packard den Predictor.
Nach Segres frühem Tod 1963 wurden 75 Prozent der Ghia-Aktien vom Sohn des Ex-Diktators der Dominikanischen Republik, Trujillo, gekauft. Trujillo kümmerte sich aber wenig darum und verkaufte bald weiter an De Tomaso.
1966 wurde Giorgio Giugiaro als Leiter des Designbüros eingestellt, blieb aber nur bis 1969. Ghia begann in dieser Zeit eine fruchtbare Zusammenarbeit mit Ford und der Carrozzeria Vignale, die ebenfalls De Tomaso gehörte. Die wichtigsten Ergebnisse waren die De-Tomaso-Modelle Vallelunga und Pantera mit Ford-Motoren, die in den USA großen Erfolg hatten. Auch zahlreiche Dreamcars wie der futuristische, keilförmige Coin mit dem originellen Einstieg von hinten fielen in diese Ära.
De Tomaso brachte Ghia zu Ford, und der Autoriese kaufte zunächst 75 Prozent der Ghia-Aktien und schließlich 1973 alle Anteile. Seither arbeiteten Ghias Designer exklusiv für Ford. Im Ghia-Designstudio entstanden die Entwürfe Granada, Mustang, Mark I und Mustela II. Ford fasste seine italienischen Designstudios zur „Ghia Operation“ zusammen, in der Ghia als Carrozziere operierte und Vignale den Part der industriellen Fertigung übernahm. Zusammen beschäftigte die „Ghia Operation“ in der Spitze 600 bis 700 Menschen.
Heute ist „Ghia“ nicht nur die Bezeichnung der besten Ausstattung diverser Serienmodelle, sondern nach wie vor ein Designstudio, in dem Prototypen wie Focus, Arioso und Vivace entstehen. Insgesamt wird die außergewöhnliche Bedeutung von Ghia in der Geschichte der Carrozzerie wahrscheinlich noch nicht ausreichend gewürdigt. So ist noch zu wenig bekannt, dass der Balilla Coppa d'Oro auf einen Ghia-Entwurf zurückging, oder dass Meisterwerke wie Lancia Aurelia B20 und Giulietta Sprint erst durch Beiträge von Ghia ermöglicht wurden, auch wenn schließlich die Produktion bei Pininfarina und Bertone stattfand.
Seinerzeit hatte es Ghia noch vorgezogen, ein Handwerksbetrieb zu bleiben. Im Falle der Giulietta etwa erhielt Boano – damals Chef von Ghia – den Auftrag zur Fertigstellung des definitiven Prototyps, den Alfa-Mitarbeiter Scarnati gemeinsam mit Scaglione, damals Leiter des Bertone-Designstudios, bei Alfa begonnen hatte.

Ghia Aigle (1948-1988)

Auf dem Genfer Salon 1949 stellte Ghia fünf Fahrzeuge aus, zwei davon gebaut von der Carrozzeria „De Sècheron“, einer Schweizer Filiale der Firma. Die Initiative zu dieser Filiale war von einem gewissen De Filippi, einem reichen Industriellen und Bekannten von Boano, ausgegangen, der eine Filiale in Aigle vorschlug, wo er Grundstücke besaß. Er wollte das Kapital stellen, und Boano sollte die Arbeitskräfte auswählen. So entstand die Schweizer Carrozzeria „Ghia Aigle“ (der Name „De Sècheron“ verschwand sogleich wieder), die den beiden Partnern zu gleichen Teilen gehörte und deren technischer Direktor Boano war.
Das transalpine Abenteuer der Boano hielt kaum mehr als ein Jahr, denn die Probleme begannen fast augenblicklich. Die Carrozzeria Ghia Aigle wurde nur kurz vom Mutterhaus aus geleitet und beanspruchte schon 1953 Unabhängigkeit von Turin. Dabei waren die Fahrzeuge aus Aigle in Wirklichkeit echte Ghia, nicht nur weil sie in Turin, größtenteils von Giovanni Michelotti, entworfen wurden, sondern auch weil sie mangels ausreichender qualifizierter Arbeitskräfte fast ganz in Turin gebaut und in der Schweiz nur fertiggestellt wurden.
Während der Zeit, in der Mario Felice Boano sich um das Unternehmen kümmerte, entstanden zahlreiche Modelle in sehr kleinen Stückzahlen, darunter diverse interessante Alfa Romeo 1900, ein Bugatti, der auf dem Genfer Salon 1952 präsentiert wurde, ein Lancia Aurelia Cabriolet und einige Ferrari. Die Fahrzeuge wurden in den ersten Jahren von Mario Felice Boano und Giovanni Michelotti entworfen, letzterer war bis Ende der 50er Jahre tätig. Es waren die aktivsten Jahre von Ghia Aigle, und Michelotti entwarf fast das gesamte Programm. 1957 übernahm Pietro Frua diese Rolle.
Die Firma Ghia Aigle bestand mit wechselndem Erfolg eine Zeitlang fort und endete schließlich als Autohandel. Zwischendurch zog die Firma 1954 nach Lugano, aber nur vorübergehend, denn schon 1958 ging es wieder zurück nach Aigle. Ab den 60er Jahren bis 1988 lag der Schwerpunkt auf Nutzfahrzeugaufbauten, also Transportern oder Krankenwagen. 1981 wurde die Carrozzeria aufgelöst, und 1988 schloss Ghia Aigle endgültig.

Marazzi

Die „Carrozzeria Marazzi" entstand Anfang der 50er Jahre als Handwerksbetrieb, als der Gründer Carlo Marazzi entschied, sich mit seinen Söhnen Serafino und Mario in Caronno Pertusella selbstständig zu machen und seine Erfahrungen als *maestro battilastra,* als Blechformer in der Produktion bei Touring und Zagato, in Eigenregie fortzusetzen.
Als Touring nach Konkurs schließen musste, wandte sich Ferruccio Lamborghini an die Firma Marazzi, um den Lamborghini Islero bauen zu lassen, dessen Entwurf vom früheren Touring-Mitarbeiter Federico Formenti stammte. Die wichtigsten Fahrzeuge der Carrozzeria waren neben dem Islero der Jarama, zwölf Exemplare des Alfa Romeo 33 Stradale, der Alfa Romeo 90 Station Wagon, den die Zeitschrift *AutoCapital* 1985 in Auftrag gab, und der Prototyp des Fiat Punto Cabrio Wagon Bricò 1994. Viele ehemalige Mitarbeiter der Carrozzeria Touring wurden nach dem Konkurs bei Marazzi eingestellt, wo sie weiter Karosserien für Maserati bauten.
Als Anfang der 70er Jahre das politische und gesellschaftliche Klima Italiens von gewalttätigen Konflikten erschüttert wurde, war Marazzi einer der ersten Hersteller gepanzerter Automobile. Zunächst in Zusammenarbeit mit Alfa Romeo, später auch mit dem Fiat-Konzern wurde die Firma einer der Marktführer auf diesem Gebiet. Noch heute wird mit der Panzerung von Fahrzeugen ein Großteil des Umsatzes gemacht, mit der Ausrüstung von Polizeifahrzeugen und Autos von privaten und öffentlichen Sicherheitsdiensten. Auf diesem Feld arbeitet Marazzi heute mit mehreren großen Autoherstellern nicht nur in Italien, sondern europa- und weltweit zusammen.
Unter den jüngeren Produkten finden sich der Prototyp des Alfa Romeo 8C Spider, die gepanzerte Ausführung des Land Rover Discovery 3 für die italienische Polizei, und Panzerung für den Alfa Romeo 159.

Moretti (1925-1989)

Moretti war von 1925 bis 1989 ein kleiner italienischer Automobil- und Motorradhersteller. Gegründet in Turin von Giovanni Moretti, baute die Firma zunächst Motorräder, Lastendreiräder und Leichtkrafträder, darunter einige Motorsportausführungen mit einem offenen Rahmen aus gepresstem Blech, der Aufsehen erregte.

Giovanni Moretti wurde 1904 in Reggio Emilia geboren und begann mit acht Jahren zu arbeiten, als sein Vater gestorben war. Als er 16 war, starb auch die Mutter. Er besaß nur ein Fahrrad, das er verkaufte, um die Fahrkarte nach Turin zu zahlen, wo er mit nichts als einem unbezwingbaren Willen ankam. Er fand Arbeit in der Motorradfabrik Elettra, die von zwei Landsleuten aus Reggio, Ladetto und Blatto, betrieben wurde. Zwei Jahre später war er bereits Vorarbeiter der Motorenabteilung.

Um schneller zu Geld zu kommen, fuhr er neben seiner Arbeit in der Werkstatt Motorradrennen. Aber seine Ziele waren höher gesteckt: Tagsüber arbeitete er bei Elettra, nachts in einer eigenen kleinen Werkstatt, die er mit seinen wenigen Ersparnissen an der Via S. Anselmo eingerichtet hatte. Im Hinterzimmer der Werkstatt aß und schlief er – und er lernte verbissen und absolvierte, da er die Schule nie abgeschlossen hatte, einen Fernkurs als technischer Zeichner.

1925 baute er ein Motorrad, das für seinen Hubraum von 175 cm^3 außergewöhnlich leistungsstark war, errang damit 1926 Rennsiege und somit Bekanntheit als Konstrukteur und Popularität als Rennfahrer. Sein größter Erfolg aber war der Sieg über seine schlechte Ausgangssituation: Ohne Eltern, ohne Geld und ohne Lehrmeister hatte er sein Leben ganz allein geschaffen. Bald darauf besaß er eine Fabrik, die Produktion wuchs, etablierte sich, wurde auf Nutzfahrzeuge ausgedehnt. In der zweiten Hälfte der 30er Jahre kam das erste Automobil hinzu, der „Moretti 500", ein kleines offenes Auto mit drei Sitzen, einem 500-cm^3-Zweizylinder vorn und Hinterradantrieb, der sich in ganz Italien rund 1000 Mal verkaufte, was damals einen beachtlichen Beitrag zur Motorisierung darstellte.

Unterdessen interessierte er sich auch für Elektro-Lastkarren und entwickelte drei Modelle mit 1000, 2500 und 5500 kg Gesamtgewicht. Als zu Kriegsbeginn Treibstoff knapp wurde, gründete Moretti 1939 die „S.A.M.E.M.", die Società Anonima Motocarri Elettrici Moretti (Moretti-Elektrokarren AG) und stellte einen Elektrokarren mit drei Tonnen Nutzlast her, der unter dem schlichten Namen „Elettrocarro" vermarktet wurde. Auch ein interessanter Personenwagen für den Nahverkehr entstand, mit einer Einvolumen-Karosserie für sieben Passagiere. Von beiden Fahrzeugen wurden nur wenige Exemplare gebaut, von denen anscheinend keines überlebt hat.

1945 kam der Moretti Cita mit 350 cm^3 großem Zweizylinder-Boxer und etlichen sehr fortschrittlichen Merkmalen auf den Markt. 1949 folgte der vierzylindrige 600 und schließlich der 750. Zu Werbezwecken nahmen Morettis an einigen epischen Fernfahrten teil wie Algier-Kapstadt über 17.000 km und einer Rallye rund um die Welt über 120.000 km, die 1955 in Rom endete. Gleichzeitig errang der 750 etliche Sporterfolge, und es gab Monoposti mit Moretti-Technik.

Morettis Modelle waren gut ausgestattet, und die Käufer konnten zwischen vielen unterschiedlichen Karosserien wählen: Limousine, Coupé, Spider und Kombi. Aber das Erscheinen zuerst des Fiat 600 und dann des Fiat 500 drängte Moretti aus dem Markt, denn wegen der Kleinserienfertigung waren die Autos zu teuer. So beendete die Firma Ende der 50er Jahre den Bau ganzer Autos und verlegte sich auf den Bau von Sonderkarosserien auf Großserientechnik. Nur große Hersteller mit Presswerken und Montagebändern und der entsprechenden Kapitalausstattung konnten gegen nationale und weltweite Konkurrenz bestehen.

Moretti konzentrierte sich auf das Einkleiden von Fiat-Fahrgestellen und die Veredelung von Serien-Fiats. Mit seinem neuen Werk an der Via Monginevro in Turin – erbaut 1956, 8000 m^2 überdachte Fläche, 200 Mitarbeiter, moderne Maschinen und perfekte Arbeitsorganisation – richtete er seine Carrozzeria klar auf industrielle Methoden aus, was auch im neuen Namen „Moretti S.p.A. – Fabbrica Automobili e Stabilimenti Carrozzerie" (Moretti Automobil- und Karosseriefabrik AG) zum Ausdruck kam. Die Produkte wurden komplett über ein dichtes Netz von Vertragshändlern im In- und Ausland vertrieben, und dem zum *commendatore* ernannten Giovanni Moretti assistierten die Söhne Gianni und Sergio.

In den 50er und 60er Jahren, befreit von der Last, die Mechanik der Fahrzeuge entwickeln und bauen zu müssen, brachte Moretti zahlreiche

Sonderkarosserien auf Basis von Fiat und Maserati sowie der Giulietta Berlina von Alfa Romeo. Bemerkenswert waren stets die Qualität und das Finish sowie das oft meisterhafte Design von Giovanni Michelotti, der für Moretti etwa 30 Modelle entwarf.
1964 baute Moretti mit 145 Mitarbeitern auf einer Fläche von 9000 m^2 etwa 1500 Fahrzeuge. In den 70er Jahren strich die Firma ihr Angebot drastisch zusammen und baute nur noch meist offene Versionen der populärsten Fiat-Modelle, wie die „Spiaggine" 126 Minimaxi und 127 Minimaxi und die raffinierten 128 Coupé und Roadster: anspruchsvolle Modelle für eine kleine, aber treue Kundschaft, die sie gut aufnahm. Diese Politik wurde auch im folgenden Jahrzehnt fortgesetzt, aber mit sinkendem Erfolg, bis die Firma im Dezember 1989 schließen musste.

Osi (1960-1968)

Die Firma OSI (Officina Stampaggi Industriali – „Industrielle Werkstatt für Tiefziehteile") wurde 1960 in Turin gemeinsam vom damaligen Präsidenten von Ghia, Luigi Segre, und Arrigo Olivetti gegründet, dem Besitzer von Fergat, einem etablierten Hersteller von Felgen und Autozubehör. Von Fergat kam auch der erste Geschäftsführer, Graf Giuseppe Casimiro Simonis. Das Logo entwarf der Ghia-Ingenieur und -Designer Sergio Sartorelli. Der Name stammte von einer kleinen Firma für Mechanik, der Apparecchi O.S., die eine Halle in der Nähe des Ghia-Geländes besaß und ehemaligen Geschäftspartnern Segres gehört hatte. Segre hatte schon immer die Absicht gehegt, seiner Carrozzeria eine Parallelstruktur zur Seite zu stellen, und die Verfügbarkeit eines Areals direkt neben Ghia erlaubte die Schaffung eines großen Werkes.
Werkzeugmaschinen zum Tiefziehen und zum Schweißen von Karosserien sowie zur Herstellung von Reduziergetrieben, Kraftübertragungen und Motoren für landwirtschaftliche Geräte, wie sie vormals die Firma Apparecchi O.S. hergestellt hatte, wurden eingerichtet. Mit sieben Tiefziehpressen von 350 bis 800 Tonnen, zwei davon hydraulisch, und einem hochmodernen Presswerk konnte OSI jedes erdenkliche Teil herstellen. Der Plan war, dass Olivetti sich um den Betrieb des Werks kümmern und Ghia alle Konstruktionsaufgaben übernehmen sollte. Präsident wurde der *avvocato* Arrigo Olivetti, Vorstandsvorsitzender der *ingegnere* Luigi Segre, und Geschäftsführer der *conte* Giuseppe Casimiro Simonis.
Die ersten beiden wichtigen Aufträge waren der Bau des Fiat 2300 S Coupé und des Innocenti 950, beides Ghia-Entwürfe. Zwei Jahre nach der Gründung und nach dem Tod Segres 1962 ging der Besitz von OSI an Arrigo Olivetti über, und OSI erhielt ein eigenes Designbüro (in dem die Designer Sergio Sartorelli, Werner Holbl und Tom Tjaarda arbeiteten) und eine Versuchsabteilung.
Als Carrozzeria debütierte OSI 1963 auf dem Turiner Salon mit einem von Giovanni Michelotti (der als externer Berater fungierte) entworfenen Spider. Im Jahr darauf wurde auf dem Turiner Salon offiziell auf dem Stand von Ford Italia der Anglia Torino vorgestellt, ein von Michelotti überarbeiteter Ford Anglia, von dem eine erkleckliche Zahl für den italienischen Markt gebaut wurde, und der sich durch Änderungen an der typischen Anglia-Heckpartie unterschied.
Außerdem gab es ein Fiat 850 Coupé (von Siata getunt) und eine Coupé-Version des Fiat 1200 S, beide von Michelotti gezeichnet. Von diesem nimmermüden Designer stammte auch der Alfa Romeo 2600 De Luxe, eine Luxusversion des normalen 2600 Berlina, von dem nur 54 Exemplare entstanden, obwohl er auf der offiziellen Alfa-Preisliste geführt wurde. Später entstanden auch ein Ford Mustang, ein Alpine Berlinetta und eines der ersten Sicherheitsautos, der Secura Quattroruote OSI mit Fiat 1500-Technik, der auf Ideen der Zeitschrift *Quattroruote* zurückging.
Ein weiteres bekanntes Fahrzeug von OSI, das in nennenswerter Stückzahl gebaut wurde, war der Ford Taunus 20 M TS Coupé, der 1966 in Genf neben einem Prototypen eines Fiat 1100 R Spider gezeigt wurde. Im gleichen Jahr erschien in Paris das originelle Sportcoupé Scarabeo, ein Einzelstück mit der Mechanik der Giulia 1600, dessen hinten quer eingebauter Motor mit vier Vergasern bestückt und dessen Karosserie aus faserverstärktem Polyester war.
Ebenfalls 1966 und ebenfalls gemeinsam mit *Quattroruote* zeigte OSI den Daf City, ein interessantes Stadtauto mit Daf-Technik und 746 cm^3 Hubraum. Auch einen Geländewagen entwickelte OSI: Der Cross Country entstand auf der Bodengruppe des Fiat 124 mit der Hinterachse des Fiat Campagnola (mit Sperrdifferenzial) und einer Getriebeuntersetzung. Nach einem ähnlichen Konzept entwickelte die Turiner Carrozzeria ein weiteres Schlechtwegefahrzeug mit Fiat-850-Mechanik namens WeekEnd (Genf 1967).
Der Turiner Salon 1967 sah OSI letztmals als Aussteller einer Automesse. Drei Autos zierten den Stand: der Silver Fox, ein Zweirumpf-Rekordfahrzeug mit einem Einliter-Alpine-Motor, die Cabrioversion des Ford Taunus 20 M TS und ein Fiat 125 mit der Bezeichnung Estate Car. Die Automobilproduktion endete bei OSI Ende 1968, als Hersteller von Tiefziehteilen und Industrieausrüstung bestand das Unternehmen indes weiter fort.

Pavesi

Ernesto Pavesi, geboren 1901, gründete seine gleichnamige Carrozzeria 1931 an der Via Pietro Calvi in Mailand. Er hatte sich als junger Schreiner zum Stellmacher spezialisiert und war bald zu einer eigenen Kutschenbauwerkstatt gekommen, aber er begriff schnell, dass die Zukunft im Automobilbereich lag. Das Gerüst der Autokarosserien bestand damals noch aus Holz mit Metallverkleidung, und Pavesi hatte keine Schwierigkeiten, seine Kunden zu finden.

Pavesi war ein Pionier des Werbe-Kastenwagens, wie er ihn vor allem auf Fiat-Balilla-Chassis baute. Er stattete auch viele Luxuskarossen aus, sein Name war deshalb schon 1935 den großen Industriellen Mailands wohlbekannt: Die ersten Wurzelholz-Armaturenbretter des geschickten Schreiners zierten Lancia Astura und Artena, mehrere Modelle von Alfa Romeo, die legendären Isotta Fraschini und kostbare Bugatti. Die Auftragslage war gut, er stellte mehr Arbeiter ein, und bald ging Ernesto Pavesi auch sein Sohn Gian Paolo zur Hand. Im Krieg wurden im Betrieb Militärfahrzeuge repariert, und die Werkstatt zog um aufs Land nach Melzo, wo es sicherer war. Nachdem der Krieg vorbei und die Nachfrage nach individuellen Fahrzeugausstattungen zurückgekehrt waren, kamen auch die beiden Pavesi zurück nach Mailand an die Via Mezzofanti, nun mit zwei weiteren Söhnen Ernestos.

In den 70er Jahren lancierte Pavesi in Italien eine Mode, die in England bereits in vollem Gange war: Minis mit Innenausstattungen, die in Stil und Materialwahl Rolls-Royce zum Vorbild hatten. Wurzelholz auf Armaturenbrett und Lenkradkranz, elektrische Fensterheber (damals noch eine Besonderheit), Schiebedach und Klimaanlage gab es zu schwindelerregenden Preisen: statt der 800.000 Lire, die fürs Serienmodell fällig wurden, kostete ein Pavesi-Mini fünf Millionen. Das hielt immerhin etwa 50 Käufer nicht ab.

Andere Kleinserien und Spezialanfertigungen von Pavesi waren Alfa Romeo 1750 Giardinetta, die Spider von Iso Rivolta, viele Ferrari Dino, auf Targa-Karosserie umgerüstete Maserati Indy Spider und Rolls-Royce, deren Innenraum gegenüber dem Serienmodell nochmals aufgewertet wurde: mit Wurzelholz auch am Kardantunnel, kleinen Kühlschränken, Becherhaltern und Picknicktischen aus Wurzelholz mit Spotleuchten in den Sitzlehnen. Später nahm Pavesi sich auch der Panzerung von Fahrzeugen an und rüstete für Alfa Romeo etliche Alfetta und Alfa 90 aus. Daneben gab es weiter Luxusausstattungen etwa fürs Golf-Cabriolet mit Leder und Holz.

Obwohl sie Mitte der 80er Jahre mit 28 Mitarbeitern auf 1200 m^2 Mühe hatten, alle Aufträge zu bedienen, zogen es die Pavesi vor, handwerklich arbeitende Carrozzieri zu bleiben, um Kundenwünsche möglichst individuell befriedigen zu können, was ihnen bei einer mehr industriellen Ausrichtung schwerer gefallen wäre.

Scioneri (1948-1996)

Am 18. März 1948 begann die Geschichte der „Carrozzeria Scioneri“ mit dem Kauf eines Gebäudes an der Via del Sole in Savigliano in der Provinz Cuneo. Der Gründer, Antonio Scioperi, war am 16. Juli 1913 in jenem Ort zur Welt gekommen. Das Städtchen war industriell geprägt, seit Mitte des 19. Jahrhunderts die „S.N.O.S.“ (Società Nazionale Officine Savigliano) sich dort ansiedelte, die Waggonbau und Bauschreinerei für öffentliche Auftraggeber betrieb. Die Ansiedlung der Firma zog die Gründung zahlreicher kleinerer Werkstätten, Schmieden und Stellmachereien nach sich.
So eröffnete dort an der Via Chianoc auch die Firma Fissore, bei der die Brüder Scioneri als Jugendliche eingestellt wurden. Antonio lernte das Handwerk des *battilastra,* des Blechformers, während Domenico Stellmacher wurde. Die Brüder arbeiteten bis 1943 in der Carrozzeria. Sie machten sich selbstständig, nachdem es in der Firma, die nun vor allem Rüstungsaufträge erledigte, größere Veränderungen gegeben hatte.
Antonio und Domenico mieteten Räume an der Via Suniglia und verdienten ihr Geld mit Reparaturen der wenigen zivilen Fahrzeuge, die noch fuhren, besonders aber mit dem Umbau von Personenwagen zu Nutzfahrzeugen. 1946 zogen sie an die Via Chianoc in die ehemaligen Gebäude von Fissore um, und zwei Jahre später entstand die „Carrozzeria Scioneri“. Sie spezialisierte sich auf den Bau von kleinen Kombiwagen auf Fiat-Fahrgestellen, die aber Seitenwände aus Metall hatten, im Gegensatz zu den Giardinette anderer Carrozzieri wie Castagna oder Viotti, die der amerikanischen Woody-Mode folgend ihre Kombis mit Seitenwänden und Türen aus Holz bauten.
Schon 1950 trennten sich die Brüder, und Antonio machte mit „Bau und Reparatur von Autos und Lastwagen“ weiter, wobei er einen Auftrag für die Aufarbeitung von Fahrzeugen des italienischen Heeres erhielt. Ein wichtiger Einschnitt für die Carrozzeria war die Vorstellung des Fiat 600, für den Scioneri sowohl kosmetische Verschönerungen des Serienwagens als auch echte Spezialkarosserien anbot, Coupés, Spider und viertürige Limousinen. Er verfeinerte auch Giulietta Berlina, und Scioneri war sogar einer der wenigen Carrozzieri, wenn nicht der einzige, der Modifikationen für alle drei Serien der Giulietta-Modelle anbot: von der etwas schrillen Zweifarb-Version auf Basis der ersten Serie kam er zu sachlicheren Entwürfen, bei denen er selbstentwickelte seitliche Zierleisten anbrachte.
Ende der 50er Jahre ging die Firma zum Bau von Spezialfahrzeugen über: Krankenwagen und Leichenwagen entstanden, und der Erfolg besonders der Modelle auf Fiat-Basis veranlasste Scioneri, sich zu vergrößern und neue Hallen auf einem über 5000 m^2 großen Gelände in der Via Risalta zu beziehen, wo rund 100 Mitarbeiter tätig waren.
Zu Anfang der 70er Jahre waren Sonderkarosserien nicht mehr so gefragt wie zehn Jahre zuvor, und Scioneri musste sich auf einfachere Individualausstattungen verlegen, zuerst auf Basis von Fiat 127 und 128, später auf der von Ritmo, Uno und Panda, die den Namen „Valentina“ trugen. Nach dem Tod des Gründers schloss die Firma 1996 ihre Tore.

Stabilimenti Farina (1906-1953)

Giovanni Farina gündete 1906 die „Carrozzeria Giovanni Farina“ und benannte sie 1918 in „Stabilimenti Industriali Giovanni Farina“ um. Der Gründer kam 1884 in Cortanze d’Asti zur Welt, aber gleich nach seiner Geburt zog die Familie nach Turin um, wo der Vater an der Via Canova eine Kellerei aufmachte.

Giovanni begann mit kaum zwölf Jahren bei einem bekannten Carrozziere, Marcello Alessio, zu arbeiten. 1906 eröffnete er seine eigene Firma just an der Via Canova in den alten Räumlichkeiten der Kellerei. Zwei seiner Brüder kamen dazu: Carlo und Giovanbattista, genannt Pinin („der Kleine“), das zehnte von elf Geschwistern. Nachdem erste Schwierigkeiten überwunden waren, machte Giovanni dank der guten Beziehungen, die er zu Fiat aufbaute, bald eine Fabrik aus seiner Werkstatt.

So konnte er sich rühmen, als eines der ersten italienischen Unternehmen Tiefziehpressen einzusetzen, eine Technologie, die Giovanni bei einer USA-Reise 1913 kennenlernte, zu der Giovanni Agnelli ihm geraten hatte. Kaum nach Italien zurückgekehrt, verlegte er das Unternehmen auf ein größeres Gelände am Corso Tortona, wo eine echte Industrieproduktion aufgezogen wurde. Während des Ersten Weltkriegs stellte er fürs Militär in Lizenz Flugzeuge her und sammelte Erfahrungen, die später sehr nützlich waren, als Flugzeugbautechnologien in den Automobilbau Einzug hielten.

Nach Kriegsende stellte er den Sonderkarosserien eine kleine Serienproduktion zur Seite und weitete die Modellpalette stark aus. Bruder Pinin verließ die Firma und gründete 1930 seine eigene Carrozzeria „Pinin Farina“, deren Emblem ein kleines „f“ statt des großen der Firma des Älteren zierte. Der nutzte gewinnbringend eine ganze Reihe wertvoller Patente, etwa für Cabriodächer, die besonders beim Umbau von Lancias zum Einsatz kamen: 1926 wurden erste Schritte zu raffinierten, elektrisch gesteuerten Hydraulikantrieben für das Schließen und Öffnen von Cabriodächern gemacht, die sich mit einem Knopfdruck am Armaturenbrett bedienen ließen. Weitere wichtige Patente betrafen hydraulische Zweikreis-Bremsen und vom Fahrersitz aus auf unterschiedliche Straßenoberflächen einstellbare hydraulische Stoßdämpfer (1939).

Farina baute alles von den Kleinwagen der Brüder Temperino bis zu majestätischen Rolls-Royce, Hispano Suiza und Isotta Fraschini, an denen berühmte Designer wie Mario Revelli di Beaumont, Mario Boano, Pietro Frua, Vignale und Michelotti mitwirkten.

Bomben trafen im Zweiten Weltkrieg die Carrozzeria schwer, und nachdem die Söhne Attilio und Nino, von denen Letzterer sich mehr um seine Rennsportkarriere kümmerte und nicht umsonst 1950 auf Alfa Romeo erster Formel-1-Weltmeister wurde, die Leitung übernommen hatten, kam 1953 die Produktion zum Erliegen. Daran konnten auch die vielen Auszeichnungen bei Schönheitswettbewerben nichts ändern, an denen Farina teilnahm, etwa 1947 in Villa d’Este mit einer Giardinetta auf Basis des Alfa Romeo 2500.

Vignale (1946-1974)

Die „Carrozzeria Vignale“ wurde 1946 in Turin von Angelo Balma und Alfredo Vignale gegründet. Vignale hatte sehr jung zu arbeiten begonnen und zuerst bei Stabilimenti Farina und dann bei Pininfarina das Handwerk des *battilastra* erlernt.
Vignale machte von Anfang an mit ausgeprägt aerodynamischen Formen, sehr niedrigen Dachlinien und auffälligem Chromschmuck auf sich aufmerksam, aber besonders wichtig war die Einführung von Zweifarblackierungen, deren Schemata Designüberlegungen folgten und nicht traditionellen Formen. Vignales Schöpfungen wurden bei den damals beliebten Schönheitswettbewerben für Autos vielfach preisgekrönt und ausgezeichnet, und er wurde schnell für seine Leistungen für das Ansehen der Italienischen Republik zum *commendatore* ernannt.
Ein Beispiel für Vignales Einfluss: Sein Cisitalia von 1947 trug als maritimes Zitat ein seitliches Bullauge – dieses Motiv tauchte dann an vielen US-Designs der 50er Jahre auf. Der erste wichtige Auftrag war der Bau einer erklecklichen Anzahl von Cisitalia-Cabriolets. Vignale, dessen Werkstatt eigentlich zu klein war, schaffte es unter Mitwirkung zahlreicher kleiner Werkstätten, die Aufgabe zu bewältigen. So hatte er die Mittel, schon 1948 auf dem Turiner Salon drei Autos ausstellen zu können: ein Alfa Romeo 6C 2500 Cabriolet, ein Fiat 1500 Coupé und ein Lancia Aprilia Coupé.
Der Beginn einer Zusammenarbeit mit Ferrari (bevor dieser sich an Pininfarina band) war ein zweiter wichtiger Schritt für die Firma Vignale. Einige Barchetta-Rennwagen entstanden, die in den Händen erfahrener Piloten sportlichen Ruhm einheimsten, darunter drei aufeinanderfolgende Mille-Miglia-Siege in den frühen 50er Jahren.
Zahlreiche Kunden wendeten sich daraufhin mit dem Wunsch nach einem exklusiven individuellen Ferrari an Vignale, der 140 Stück herstellte. Die Werkstatt an der Via Cigliano wurde bald zu klein, und 1961 zog man um nach Grugliasco auf ein 40.000 m^2 großes Areal mit einer 12.000 m^2 großen Halle. Zu diesem Zeitpunkt traten Balmas Sohn Giovanni und Alfredo Vignales Bruder Giuseppe in die Firma ein.
Bald kamen auch Fahrgestelle von Lancia, Alfa Romeo, Osca und Maserati zum Einkleiden ins Atelier. Als Alfa-Basis nahm Vignale hauptsächlich Giulietta Berlina, aber auch zwei 1900 Coupé und einige 2000 Sprint entstanden. Einige Modelle wurden ausschließlich von Vignale karossiert, etwa Lancia Appia Convertibile und Flavia Convertibile oder die Maserati-Modelle Sebring, Mexico, Indy und Quattroporte. Der Großteil von Vignales Produktion entfiel indes auf kleinere Fahrzeuge, wie den Fiat 600 Cherie oder Spider auf Basis des 750, und den Gamine, eine Art Balilla Spider auf der Bodengruppe des Fiat 500.
Der Gamine war an sich ein sehr gelungenes Produkt, aber er stand unter einem schlechten Stern: Die Stornierung zahlreicher Bestellungen aus dem Ausland stürzte Vignale in eine schwere wirtschaftliche Krise. Geschäftsführungswechsel und die Einstellung von Designern wie Michelotti halfen wenig, denn trotz des Baus einiger Prototypen für BMW, Cadillac und Jensen sowie Studien und Vorserien für American Motors, Matra, Triumph und Tatra musste die Firma nach dem Tod Alfredo Vignales 1969 die Übernahme durch Ghia hinnehmen und verlor ihre Unabhängigkeit und einen Teil der Originalität.
Von da an beschränkte sich die Arbeit auf den Bau von Prototypen und Vorserien für Maserati, etwa Ghibli und Indy, und für De Tomaso mit dem Pantera. Im Werk der Carrozzeria Vignale wurden bald ausschließlich Pantera für den US-Markt gebaut, und als das Modell in der ersten Ölkrise schwächelte, schloss Vignale am 30. November 1974 endgültig, und die letzten 190 Mitarbeiter wurden entlassen.

Worblaufen, F. Ramseier & Co. (1929-1983)

Die Firma „Worblaufen, Fritz Ramseier & Compagnie" wurde 1929 im schweizerischen Worblaufen von Fritz Ramseier jr. mit der Unterstützung seines Vaters und seiner jüngeren Brüder Ernst und Hans gegründet. Worblaufen spezialisierte sich auf Cabrios, wobei der Stil den Zeitgeist sachlich und elegant interpretierte, aber nicht sonderlich originell war. Dafür war die Verdeckmechanik umso raffinierter: Schon 1932 patentierte man ein Verdeck, dass sich dank der Kraft zweier großer Federn schnell und nur mit einer Hand öffnen und schließen ließ.
Auf dem Genfer Salon 1933 stand eine Karosserie auf Basis des Isotta Fraschini Tipo 8A von 1924, in die mehr als 2000 Arbeitsstunden geflossen waren. Das hatte sich gelohnt: Der Wagen erhielt den Grand Prix d'Honneur des Concours d'Élégance 1933 in Cannes. 1934 begann die Zusammenarbeit mit Alfa Romeo mit einem 6C 2300, den Ramseier kurz privat fuhr. 1938 entstand ein herrliches 6C 2300 B Cabriolet mit sehr aerodynamischer Linienführung.
Den guten Ruf verdankte Worblaufen der handwerklichen Sorgfalt, mit der die prestigeträchtigsten Fahrgestelle der Zeit eingekleidet wurden. Der Betrieb errang zahlreiche Preise bei den Schönheitswettbewerben mit Karosserien auf Fahrgestellen von Bugatti, Isotta Fraschini, Mercedes, Buick, Opel, Renault, Chrysler, BMW, Bentley, Rolls-Royce, Lancia, Ford und Peugeot. Die 30er Jahre waren für die Schweizer Karosserieschneider eine goldene Ära, auch dank großzügiger Subventionen der schweizerischen Regierung. Nach der Unterbrechung durch den Krieg wurden diese Subventionen nicht weiter gezahlt, und in kurzer Zeit mussten die kleineren dieser Firmen schließen.
Selbst mit Worblaufen ging es langsam, aber unaufhaltsam bergab. In den 50er Jahren gab es immer mehr Autos mit selbsttragender Karosserie und immer weniger Chassis, die Karosseriebauern eine Arbeitsgrundlage boten. Um die nachlassende Nachfrage aufzufangen, übernahm Worblaufen den örtlichen Vertrieb der Marken Lancia und Alfa, wodurch nebenbei einige 1900 Cabriolet mit sehr klassischen Linien entstanden. In der Folge verlegte man sich auf Karosseriereparaturen, Restaurierungen und Nutzfahrzeugaufbauten. 1958 wurde die letzte Worblaufen-Karosserie auf Basis eines Rolls-Royce Phantom III gebaut. 1983 schloss die Firma, kurz bevor Ramseier jr. starb.

Ein Muss für jeden Alfista

Alfa Romeo Alfetta Coupé GT/GTV
240 Seiten, gebunden, 245 x 290 mm,
ISBN 978-3-95843-695-4
39,95 €

Das Alfa Romeo Schrauberhandbuch
274 Seiten, gebunden, 215 x 275 mm,
ISBN 978-3-86852-812-1
39,95 €

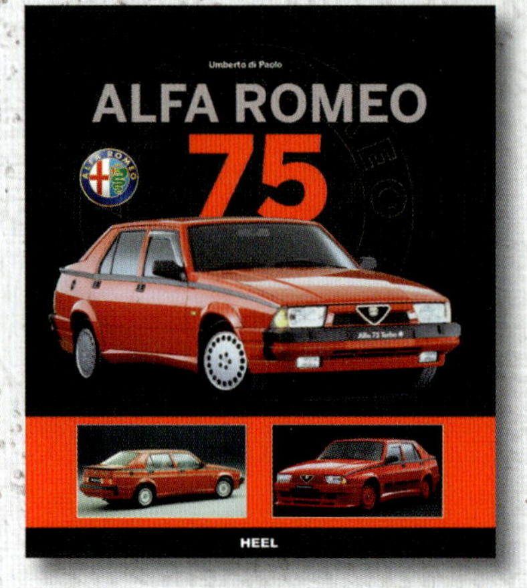

Alfa Romeo 75
208 Seiten, gebunden mit Schutzumschlag,
245 x 290 mm, ISBN 978-3-95843-040-2
39,95 €

Alfa Romeo Annuario
144 Seiten, gebunden, 215 x 302 mm,
ISBN 978-3-95843-594-0
18,00 €

Alfa Romeo 2019
Kalender (jährlich neu), 14 Seiten Kunstdruck,
475 x 330 mm, Wire-O-Bindung mit Aufhängung,
ISBN 978-3-95843-640-4
14,99 €

Praxishandbuch Alfa Romeo DOHC-Motoren
136 Seiten, gebunden, 215 x 302 mm,
ISBN 978-3-86852-030-9
24,99 €

Alfa Romeo Giulia Sprint GT
208 Seiten, gebunden mit Schutzumschlag,
245 x 280 mm, ISBN 978-3-86852-940-1
39,95 €

Alfa Romeo - Das Werk
240 Seiten, gebunden mit Schutzumschlag,
240 x 285 mm, ISBN 978-3-95843-482-0
49,95 €

Unsere Bücher erhalten Sie in Ihrer Buchhandlung oder unter www.heel-verlag.de